U0335847

欧阳智安 ◎著

江苏凤凰科学技术出版社
· 南京 ·

能有悠闲一刻，
做一杯美味的饮品，
是实实在在的幸福！

欧阳智安

茶、酒与咖啡跨界融合倡导者

1999 年加入餐饮行业，2001 年代表中国参加世界花式调酒大赛并获冠军，是中国大陆唯一获此殊荣的调酒师。国际调酒协会成员，并担任国际花式调酒协会中国大使。拥有多年从业经验，曾参与各地酒吧、咖啡店筹备及顾问工作。

2008 ～ 2018 年任职于 MONIN，先后出任全球饮品创意总监、品牌发展总监及经销商渠道总监。

2017 年荣获饮迷酒吧行业颁奖盛典颁发的“创始人特别大奖”。

2019 年加入德乐食品饮品集团，出任亚太区餐饮渠道市场及应用总监，同时出任LYRES品牌中国市场总监。广州著名酒吧 Ten Café联合主理人。步履不停，游走天下，携丰富饮品经验，倡导饮品创新，饮品食品融合，茶、酒与咖啡跨界融合，一直积极参与协办各类行业比赛，致力推动中国餐饮行业发展。著有《鸡尾酒赏味之旅》一书。

书本筹划历时近两年，当中许多朋友给予帮助与支持，
在这里致以由衷的感谢。特别感谢参与本书制作的所有人。

本书参与制作人员名单

策划：陈艺、曾凤仪、刘超

摄影：刘超

设计：刘海文、王藩冀

文字审阅：舒宓

制作协助：余丽、张蕾

还要感谢 Doehler、NESPRESSO、GRE3N
及 CRAB 蟹乾牌发酵生姜汁等品牌对本书的大力支持。

序

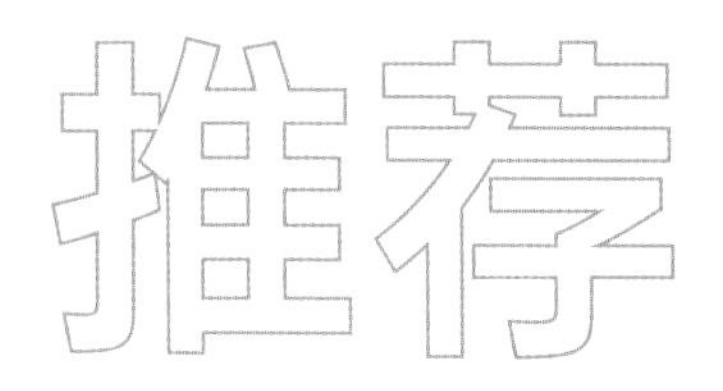

林健良

咖啡爱好者、咖啡沙龙联合创始人、
《咖啡年刊》主编

水的有趣是在于它的包容，变成了百变的饮品。

时间的有趣是在于它的经历，变成了多彩的生活。

认识欧阳兄，已超过十年，跟他的联系和合作从未间断过，挺难得的。在朋友圈，他是我真心羡慕的其中一个，并非霸气企业家的那种。这十年间，目睹他在职场上勤奋进取，从冠军吧台师蜕变成一个成功的品牌代表和管理者，同时家庭也非常美满幸福——有两个孩子，还有一个在生活和事业上都能帮得上他的太太。欧阳是一个很正直的人，真诚有礼、乐于分享，在我心目中他就是一个品牌。

刚认识欧阳那两年，每次演示会我还是不自觉地把他当成 TVB 剧中那个善解人意的吧台师。他总是能根据客人的心情和喜好，调配出对方喜欢的那一杯饮品。所以说特饮的＂特＂字，是有＂特别为你调制＂的意思，体现了一种关怀和服务意识，同时满足客人＂特别懂我＂＂特别适合我＂的需要。这或许就是特饮的存在本源。

说到饮品，总离不开甜。人类喜欢甜是基因中存在的，是一种瘾。随着我们的生活变得富足，我们对饮品不仅有了甜的需求，还需要更多层次变化的东西来刺激自己、满足自己，包括触觉、视觉、嗅觉……甚至是记忆的唤醒。就如某茶饮品牌跟大白兔奶糖的合作，还有与阿华田的再度创作，都是熟悉的味道加记忆唤醒，同时带来惊喜。刺激不是平白无故独立发生的，在一杯特饮中，刺激是材料混合再创作过程中铺排出来的。

除了关怀和各种感官刺激，一杯特饮的名字同样有杀伤力。在广州江南西有一家白天卖咖啡、晚上卖酒的店，就因为一杯叫＂渣男＂的特饮走红，无论男女，听到这一名字都会随即哈哈大笑，然后饶有兴致地主动追问这杯特饮背后的故事。这也是一杯成功的特饮，从创意、材料的配搭，还有让人一次便记住的名字和故事，点单率极高，而且客人十分开心。

说了那么多，你们是不是觉得一杯成功的特饮只有魔术师才能做到？其实不然，除了专业人士的千锤百炼，还有很多民间＂误打误撞＂成为经典的案例。好比在我心目中认为卖得最多的特饮——麦当劳的＂麦乐酷＂，就是一个员工在极度无聊下往可乐里挤了冰淇淋，结果大获好评，畅销全球。只要觉得合适你，它就是一杯好的特饮。不要觉得学习调制特饮很难，只要你喜欢动手，不妨大胆一点，更何况还有这本书帮你。

从前，我们或许认为特饮只是为了满足部分不喝酒、不喝咖啡的朋友的需求，但现在，特饮对于家庭，是生活乐趣和品质生活的体现。而对于一个饮品店，有自己的独创特饮，更能显示这家店的特色和用心，也提高了竞争力。在上海，甚至已经有了只卖创意咖啡（特饮）的店。

特饮，已经非常流行，而且发展得很快。特别是在注重原物料新鲜和健康的今天，我们需要更新观念和了解更多新方法，还有保持自己源源不断的创意。而这些，都会在欧阳兄的新书里面充分展现。二十年不间断学习、一直在国际前沿的饮品专家，经过他的悉心梳理，书中呈现给各位的特饮，在可操作性、档次、趣味性上，都是最好的。继欧阳的《鸡尾酒赏味之旅》之后，很高兴又有一本高质量的饮品书上市。

欧阳智安，把饮品和生活调配在一起，非常有＂吸饮力＂。再一次实名羡慕。

Brian Tan 陈绵泰

餐饮顾问，美食与空间社交策划

饮食文化里，"饮"指解渴，"食"指果腹。这是人类最基础的需求，也是最应从中享受获得快乐的。"饮"又包括含酒精和不含酒精的两大类饮品。欧阳不仅精通鸡尾酒，还利用自己对鸡尾酒的认识，去探索和突破无酒精饮料的无限可能性！欧阳制作的饮品，不但解渴，而且可以得到视觉上、味蕾上的满足。堪称一绝！

几年前我曾经在一个分享会上预测过，未来的饮料和甜品是一体的，两者概念可以相互传递转换。甜品转变为饮品，不需要刀叉等餐具，更方便享用；当你以甜品的思路，把所有固体的食材变成液体后，那么神奇的口味搭配就有完全不一样的理解了。我是多么开心地看到国内的各种奶茶店逐步打开了这个局面。当收到这本书时，我的内心非常激动，欧阳不仅把他的理念升华呈现给新一代吧台的年轻人，而且把丰富的特饮知识传递给任何喜欢饮料味型组合的读者。相信这本书可以成为饮品爱好者无限的创作灵感来源之一。

认识欧阳多年，他的笑容如阳光般灿烂，不仅能看到他一直对生活充满激情与热爱，对事业的追求，还可以看到他对太太和小孩的真诚和奉献，感受到他是那么幸福。可能正是因为有家庭的力量支撑着他的梦想，有了安全的港湾后，他才能满怀激情地追求自己的事业。欧阳把自己多年积累的知识和经验分享给大家，实属难能可贵。当今的浮夸社会，互联网上各种混乱的配方，网红饮品店横行，此书的存在显得更加真实和稀缺！

Roman Kupper

德乐集团亚太区董事长

差不多三年前，我在位于上海的德乐集团亚洲总部第一次见到欧阳。他给我的印象是年轻、热情、非常专业和聪明。

他向我讲述了他在酒吧行业的经历，还有他在莫林（中国）长达十年的工作经验——在那十年里，他在全中国培训和教育过数以千计的调酒师。

他还给我看了他出版的第一本书。我一时失语了。我邀请他即刻加入德乐集团，和餐饮团队一起开拓发展品牌业务，让更多的酒吧和餐厅能够利用我们种类丰富的天然原料和原料解决方案，做出美妙可口的饮品。

欧阳的非凡才华在这本新书中再次得以体现。这本书十分精彩，实用性强，是专业人士和饮品爱好者必备的。

欧阳，我很荣幸能够和你一起分享对饮品制作的热情：你真的很棒！

Theo Watt

《饮迷》杂志创始人

中国酒吧行业有几位为数不多的导师级人物，他们为行业的方方面面都做出了巨大贡献，但没有一个人能够像欧阳智安那样横跨花式、经典和自由风格调酒三大领域。他是不折不扣的行业之星，受到所有业内人士的尊重。从 2008 年《饮迷》创刊起，我就认识了欧阳，而且跟他有过很多次合作。我很骄傲和荣幸能够成为他的朋友。

欧阳的新书体现了他丰富的专业经验，配图精美，可读性强。无论是热衷于饮品的消费者还是调酒师，都能通过这本书提升知识，做出人见人爱的饮品。

恭喜你，欧阳！

彭树挺

美团点评黑珍珠餐厅指南理事、广州西餐协会永久会长

烹饪是一门艺术，饮品创作也是一种艺术，而创作者的经历、见识、用心和追求，决定了最终作品的风格。相信你可以在《吸饮力》收录的饮品配方中，感受到欧阳的天马行空、时尚优雅。

金众磊

星座酒吧集团创始人、苏格兰双耳杯执杯者、波本威士忌行业至高荣誉一持令勋章持有人

欧阳智安起步于花式调酒，进而潜心钻研古典鸡尾酒，到现在的创意饮品开发，他对材料、风味的理解与搭配，用法、用量及制作技巧都运筹帷幄，这一切都离不开他的用心与努力。希望欧阳智安可以继续在这个领域中不断创新，成为行业的楷模！

林东源

GABEE. 创办人、第一届台湾咖啡师大赛冠军

咖啡、茶、酒、巧克力、调饮等嗜好性饮料，在生活中扮演着愉悦身心的重要角色，欧阳老师以感性的五感角度切入，运用理性的系统讲解教导，创造出饮品强大而惊艳的＂吸饮力＂。

孙云立

上海 PICH 工商餐饮服务学院院长

欧阳老师的创作，总能带来惊喜。迷人的色彩，有趣的标题，无限的创意，无一不传递着他对生活的无限热爱。虽在冬日开卷，我心却早已随之奔向美好夏日。爱生活的你，定能从书中感受美好饮品的巨大＂吸饮力＂。

秦晶

《橄榄美酒评论》与《调酒师画报》创始人

无论是饮品行业从业者，还是普通爱好者，能找到一本实用性强的原创饮品配方书都是很难得的。欧阳拥有多年饮品开发经验，对市场需求和趋势潮流有着敏锐的洞察力，这使得《吸饮力》成为一本既实用又前卫的饮品书，每个人都能从中找到灵感。

贺根启尔

中国内地蒙古族男演员，曾参演《匹夫英雄》《新京华烟云》《三生三世十里桃花》《思美人》等电视剧

在我看来，饮品和影视作品的创作有着相通之处。在《吸饮力》这本书中，欧阳就像是一位资深导演，不同的原料就像是演员，两者的碰撞造就出一部部杯中的精彩作品，值得我们去细细品味。

肉门李

HEYSHOP 创始人、新消费品牌发现者、数据科学家

与欧阳结缘是在 Heyshop 门店，忙碌工作之余，我偶尔也会在家做些饮品，但都是简单的果汁、茶饮，之前一直觉得做专业的饮品，只有在专业的空间才能够调制。读了欧阳的《吸饮力》之后，我发现原来在家也可以轻松做出专业级的饮品，甚至不比平时在酒吧喝到的逊色。欧阳的这本书，不仅是各种惊艳饮品的制作攻略，更是追求美好生活方式人群的心灵指南，值得分享给每一个热爱生活的人。

羊男

公众号＂羊男槽记＂主理人、精致生活方式倡导者

一直非常钦佩安哥（欧阳智安），接触调酒行业之后，我遇到许多有天赋的人，也认识许多刻苦用功的人，但鲜有如他般早已享负盛名仍始终保持勤勉、谦逊、好学、好奇，练达周到又开朗热情。每次遇见他，都会听他说起"最近在接触学习什么，正如何提升自己"，而研发与著作一直是他投入极大精力与热情的领域。

有幸在第一时间读到这本新书的样稿，他将多年积累与心得深入浅出地与大家分享，图文并茂地教大家如何使用工具，如何运用水果、蔬菜、奶制品、糖、咖啡及其他元素，动手制作美味又美丽的健康时尚饮品。无论是力求不断精进的业界贤达，还是追求生活精致的都市丽人，都能照着调制甚至在此基础上创作属于自己的饮品，而且可以负责任地说，即使是新手也能在家完成，强烈建议人手一本。

Jackie HO

上海工商 PICH 餐旅学院饮品教育总监

《吸饮力》这本书的吸引力可谓不容小觑。无论你是制作饮品的爱好者，还是从业多年的饮品研发师，都能在这本书中找到饮品创作的灵感。希望大家能和欧阳一起，在饮品的世界里徜徉！

雷英晖

抖音号＂安森的话事酒馆＂联合创始人、午潼茶饮联合创始人

与欧阳相识及共事已近二十年，每次看见他制作饮品时的热情与专注，总能鼓舞着我在这个行业继续前进。希望《吸饮力》这本书也同样能感染你，让我们一起享受饮品给生活带来的乐趣吧！

包菜

公众号＂夜班经理 NightMayor＂主理人、鸡尾酒严肃爱好者

欧阳老师身为殿堂级调酒师却全然没有＂偶像包袱＂，而是在进阶的路上不断打破边界，更新迭代。无论是融合茶、酒、咖啡的创新理念，还是作为酒圈常青树永远保持好奇和探索的赤诚之心，无不启发着酒圈后辈不断前进。开启《吸饮力》，无穷灵感自然来！

自序

我和饮品最初结缘于2001年，那时候被抛在空中的瓶子与调酒师的灵活肢体动作所吸引，对于杯中物，更多的是视觉上的认识，如利用分层方法制作出来的"七色彩虹"鸡尾酒，真的很美丽。

真正邂逅是11年前开始从事饮品研发工作，开始真正品味杯中物。第一次喝到简单有趣的意大利苏打，红、黄、蓝、绿色的糖浆在杯子底部，加入冰块，倒入气泡水，气泡在糖浆色彩上跳跃上升；喝前搅拌均匀，满足了视觉与自己动手的欲望。友人分享上百种不同风味的莫西多，可见青柠与薄荷叶实在是百搭，基本上搭配不同水果都同样出彩，这是代表夏日的最佳鸡尾酒。如果去掉莫西多配方中的朗姆酒，就是一款适合任何时候饮用的维珍（无酒精）鸡尾酒；还有夏日水果冻饮思慕雪，咖啡液与打发牛奶结合的艺术，带"嚼劲"的珍珠奶茶……从饮品的色彩、质地、用料、处理方法、温度、风味组合、呈现方式、季节、甜度，以及饮用场景、风土人情等多维度去品尝饮品，经历认识、复刻、反复练习、提升创新的过程。

一杯完美的饮品，应该和菜品一样，是色香味俱全的，而且享用的温度也很重要。以下按照品尝一杯饮品先后出现的各种感官感觉来描述五感——视觉、触觉、嗅觉、味觉和听觉的重要性。在制作饮品的时候相应关注这五感，做出来的饮品必定会加分。

视觉

色即颜色，体现的是视觉效果。视觉是人感知外界事物，获得信息的重要来源，超过 80% 的信息获得都依靠视觉，这是人最重要的感官。对饮品而言，要获得第一关注，必定是靠"颜值"。液体清澈，组合搭配色彩丰富，选用材料新鲜是一杯饮品的基础。如果是冰饮，杯子上的水珠也可以形成视觉上的冲击，给人很解渴的感觉。热气腾腾的饮品，在冬日里光是看到就觉得温暖。另外，盛载的器皿与装饰物也是打造视觉效果的要素。

触觉

触觉指的是触碰杯子时的感觉，与杯子的质感、温度有关。如果杯子有特别的纹路，会引起你的注意；如果有与视觉产生差异的触摸感觉会让你感到好奇或愉悦。例如我曾经拿到过一个一次性纸杯，杯面有一部分覆盖了如绒面皮质感般的纸层，手感很舒适，本来让人觉得廉价的纸杯却让人感到意外，默默赞赏设计者的别出心裁，这点无疑可以给饮品加分。

嗅觉

香，就是闻香。很多人会习惯闻一下要吃的东西，这是一种本能，以判断食物是否新鲜可以食用。如果闻到浓郁的香味，那会为饮品加分。许多时候，饮品食材和装饰物散发的香气会起到很大的作用。

味觉

味即品尝到的味道。品尝前先是嘴巴、舌头触碰到的温度，太烫的话，未来得及尝到味道，就会被烫到而打断。美味的饮品，必定是平衡的。如果一杯饮品主导味道是甜，平衡就是甜度适中，一般而言甜度为 12 时入口最佳，超过的话会感觉过甜，甚至是刺激；若有其他味道加入，如酸，那平衡就是酸与甜之间的平衡；如咸，那就是咸与甜之间的平衡。可以尝到材料本身的味道是首要的，同时兼顾味道相搭配的和谐之感，更胜一筹的是味道搭配引起的风味提升，以及完美持久的回味。味觉是最强记忆点的触发器，往往喝到很惊艳的饮品，都犹如在口腔内高奏一曲交响乐。

听觉

听觉即声音刺激耳朵引起的感觉。比较有趣的是，当环境嘈杂的时候，人的欣赏、品鉴能力会降低，可能是分心了。如果在极端环境下，例如在音乐分贝很高的 disco（迪斯科）场所，本人亲测，是很难完整地品尝到一杯饮品的。一些细节是喝不出来的，如果非要品出来，那绝对是个挑战。轻松愉悦的音乐，比较适合品尝美食与饮品。古典音乐更能让美食、饮品出彩。

一天的不同时刻有不同合时宜的饮品。早上有人以咖啡开启元气满满的一天，有人在工作中以茶相伴，下午有人相约奶茶店开心一会或者一起点外卖奶茶，下班 Happy Hour（饮品打折时间）来一杯啤酒或者葡萄酒，烈酒与鸡尾酒则留待周末享用或者应酬之用。

谈及饮用时间，"应季"与"时令"两个词即涌现脑海。我来自广州，从小就常听妈妈说，煲汤材料要根据不同的时节放不同食材，不时不食，例如大暑的时候喝冬瓜水、秋天喝雪梨苹果汤等。虽然现在许多水果一年四季都有售，但是特定品种，还是应季的来得好吃。自然而然，我的大脑里有一个大概的食材风味图谱：夏天，想到的是西瓜、荔枝、水蜜桃与龙眼；秋天想到的是板栗、石榴与黄皮；冬天，想到的是草莓、香料与南瓜，还有肉桂这种让人感觉温暖的食材。

饮品制作有如烹饪，因为一直从事饮品行业，所以我养成了一个习惯，看见不同的食材或器皿会思考这是怎样的风味，怎么处理可以获得质地的转变，从而调配出一杯令人印象深刻且回味无穷的饮品。对不同的食材，用不同的处理方式和搭配手法，从而获得不同的惊喜，杯中物，可以变得很有趣。然后还有很重要的一点——对饮品进行装饰，有如厨师摆盘，可以增添美感。谁说家里只能喝热茶或者温水呢？在许多中餐厅，翻开酒水单，

除了酸梅汤、玉米汁、椰奶和王老吉，是不是可以有更有趣的选择？家庭聚会，除了点外卖，是不是可以自己搞点气氛，调配一杯好喝的饮品？各种人气饮品，是不是可以高质量高颜值复刻？周末或者假期，为自己制作简单的一杯饮品，或者为家人、好友相聚制作分享饮品，为生活增添点仪式感，更真切地体验生活。

饮品的内容形式一直在变，人们的追求也一直在改变。从仅仅追求色彩斑斓，到功能性的引入，再到健康食材，还有跨界的融合创新，例如用甜点的概念做出饮品，杨枝甘露与法式布蕾本是甜点，对概念的运用可将其巧妙转变为可口的饮品。记得研发风靡一时的盆栽饮品，其创意灵感就是来源于窗边的一个小盆栽植物，用当时很流行的奥利奥饼干碎，撒一层于饮品之上，再放上一束薄荷叶，就宛如一株栩栩如生的植物。当时这款饮品上了亚洲、欧洲的餐牌。皆因绿植，人人爱之。当然，当中也有很多失败的尝试，例如尝试绿色仙人掌果，结果把刺扎入手指头；尝试迷你小西瓜，但只是可爱而已，完全没有西瓜的味道，跟黄瓜一样，付出金钱的同时满足不了味蕾，略感失望。但尝试的过程甚是有趣。每次做出味道绝佳的饮品，小伙伴们传来"哇！太棒了"的惊叹声时，是我生命中重要的绝美时刻，也是推动我不断创新的原动力。时刻保持好奇心，是制作有趣又美味饮品的诀窍，也是让生活充满乐趣的诀窍吧！

本书将与大家分享的是时下流行的各类饮品，从食材开始，到设备用具，基础物料的制作方法，制作小技巧及小提示，分步为大家拆解饮品，让制作变得简单起来，人人都可以成为生活中的饮品师。如果大家能开心地阅读，下次在享用饮品的时候用自己的五感探索其中的奥秘，或者动手尝试，有新发现那就太好了。

能有悠闲一刻，做一杯美味的饮品，是实实在在的幸福。

欧阳智安

于 2019 年 12 月 21 日

目录

01. 撩起袖子 做准备

02. 大显身手 跟着做

03.
不同场景 **特殊调**

索引

01.

撩起袖子
做准备

READY TO START

本书使用方式

食材介绍

饮品制作的
用具、设备
与技巧

饮品基础原料
在家自己做

本书使用方式

计量单位与转换

关于液体，如果汁和奶制品，本书使用的计量单位是 ml（毫升）。另外，关于酱类食材，如花生酱、红豆酱等，为方便操作，本书使用量杯量取，计量单位是 ml（毫升）。

如果你是以 oz（盎司）为计量单位，可以用下面的公式来换算。

1oz=30ml

关于固体，如水果块、香料和冰块，本书使用的计量单位是 g（克）。

固体食材建议使用电子秤称重。

建议装饰物

配方中的"建议装饰物"为建议参考的装饰物，为提高饮品颜值与增添饮品制作乐趣而设计，为非必要材料。

关于蔬果

用于制作饮品的蔬果，均需要洗净去皮去核处理。清洗时可先冲洗一遍蔬果，如果是蔬菜或草本，要先去掉菜蒂部位，再翻开叶片逐一冲洗，然后置于水中浸泡约 10 分钟以去除农药残留或杂质，最后以饮用水冲洗一遍待用。作为装饰物的柑橘类水果如柠檬、青柠、橙子、红柚等，由于果皮含柑橘香油芬芳物，故适宜保留，以增添饮品香气，但因中间白色纤维层会产生苦味，建议尽快饮用。涉及蔬果的配方，可能由于实际制作的季节以及地域的原因，水果甜度会不一样，配方可以通过糖浆、蜂蜜等甜味剂的增减来达到平衡。

关于检索

书本最后附上全书完整检索，可以快速查找全书材料和相关配方。

关注"摸灯醉叔叔"线上视频教育平台，免费观看本书配套饮品制作视频，视频会陆续更新。

食材介绍

平日我们在超市、菜市场或者家中的冰箱和食品柜子里，都能找到各种时令材料，可以试试换种方式，把这些食材制作成简单美味的饮品，为生活添点新意。这里为大家介绍时下流行饮品的主要材料，包括最常见的苹果、雪梨、橙子和柠檬，当然也有菠萝、椰子、芒果。蔬菜、坚果和种子也可以用来调制饮品，还有蜂蜜、巧克力、咖啡、奶制品与趋于流行的植物蛋白。大家可以发挥想象力，发掘更多有可能的食材，做出创新的饮品。

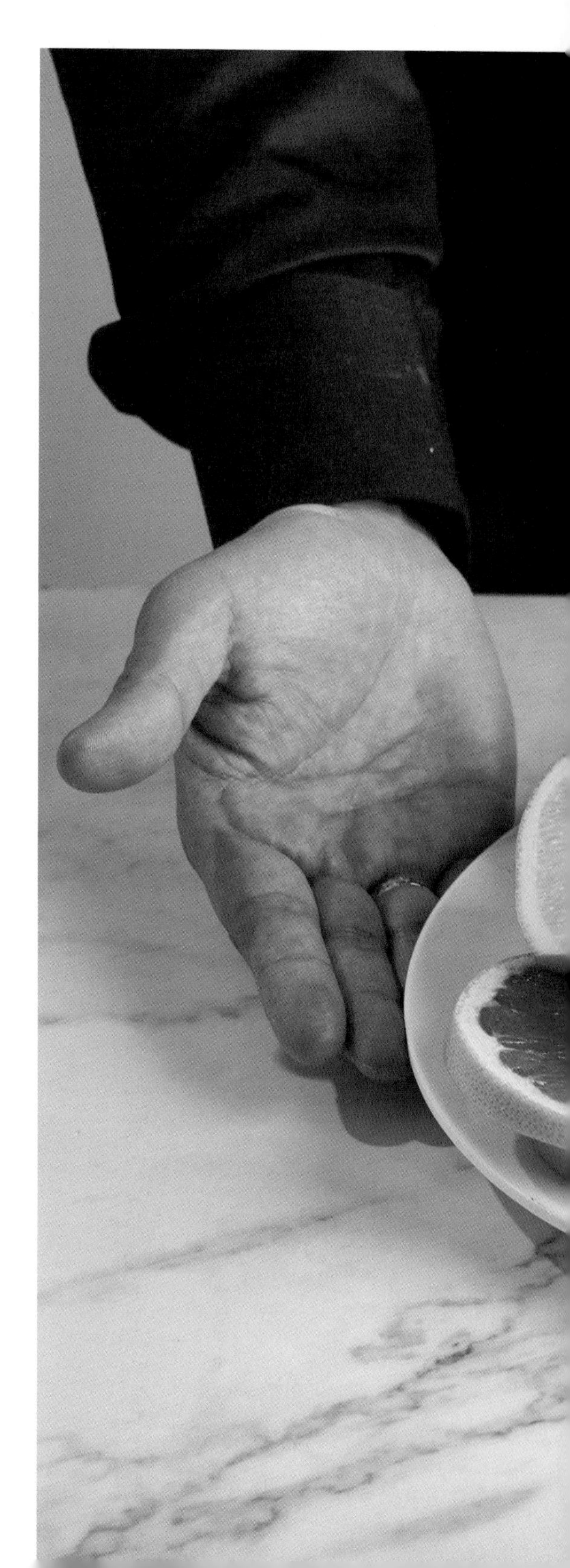

注：本章节部分图片支持来自于shutterstock。

水果

如何选购

如果你热衷于制作果汁、冰沙或水果茶，那么首先要采购一些基本的材料。苹果、雪梨、橙子和胡萝卜经常被用于制作基础蔬果汁，也可以加入更多其他的材料进行搭配。选用蔬果制作饮品的一大原则是新鲜，越新鲜越美味，建议大部分材料在采购的当天制作并饮用完毕。

新鲜与时令

选用新鲜的蔬果出汁率高，可以确保从饮品中获得更多的营养成分。在选购的过程中要避免选择那些有损坏或者过熟的产品，建议购买季节性的蔬菜与水果，其蕴含更多的维生素与矿物质。如果食用反季节的水果，有可能会因含有激素而对身体有所伤害。

许多水果一年四季都有，但是其实不同月份有不同的熟成水果，而且细分品种也会不一样。而由于地域原因，不同地域上市的水果与品种也会各有不同，提供一个简单辨别时令水果的方法，通常在水果店内时令水果都会摆放在最前端或者最显眼的货架上，又或者是菜场附近小商贩在售的都是当季新上的水果，多细心观察即可。总之，能够享用时令蔬果是最好的。下面罗列的时令水果仅作参考。

1 ~ 3 月

桑葚、枇杷、石榴、草莓、樱桃、杨桃、柑橘、甘蔗、无花果

4 ~ 6 月

山竹、柠檬、西瓜、杏、火龙果、香瓜

7 ~ 9 月

芒果、樱桃、荔枝、黄皮、番石榴、蓝莓、水蜜桃、火龙果、牛油果、龙眼、百香果、柿子、猕猴桃、莲子、蜜柚、葡萄、哈密瓜

10 ~ 12 月

百香果、火龙果、人参果、葡萄、金橘、蛇果、青枣、雪梨

成熟度

水果越熟，含糖越高，而且还意味着蕴含更多的营养，这是树上自然成熟的水果的优点。如果过早采摘水果，再通过运输，会减少其含有的营养物质。制作饮品的水果需要注意其糖分与甜度，如果是果汁或者混合果汁，通常情况下选用成熟水果，即可获得很好的甜味，不需要另外加糖；如果是水果冰沙或是水果基底的茶饮，可以通过加入糖浆、蜂蜜等甜味剂来调节甜度。

存储

大部分的水果都应存储在凉爽干燥的环境中。如果水果的成熟度稍低，太硬而无法榨汁，可以找个阳光充足的窗台熟化几天，也可以沿用"古法"——放置米缸里，利用密闭性来催熟。避免用塑料袋一直包裹着水果，这会让它们无法呼吸。理想的情况下，不同水果要单独盛载存放，因为有些水果混合存放，会影响其他水果的熟成，导致过早腐烂，影响口味。例如，苹果有天然催熟剂之称，和香蕉放一起会容易让香蕉过熟发黑。大部分水果都可以放于冰箱冷藏以获得更长的保鲜期，但某些水果除外，如香蕉和枇杷，存放冰箱会让其果肉冻坏，迅速发黑；芒果虽不如香蕉那么怕冷，但是建议存放于室温避光即可。短期上市的水果，如山楂，我们还可以制作成果酱，方便存储，并能延长赏味期。水果放置时间久了会流失维生素等营养物质，建议小批量采买，吃完再买新鲜的。

有机蔬果

有机蔬果在种植过程中不使用化学合成的农药、化肥、生长调节剂等物质，食用安全，且味道更浓郁，价格比普通蔬果贵。可以根据喜好选择。如果选用普通蔬果，则建议把水果外皮削掉以减少化学物质摄入。

柑橘类水果

柑橘类品种丰富，世界上有超过 90 个国家地区种植不同品类，外形与味道都各不相同，从常见的柑、橙、橘到香橼、泰式料理常用的箭叶橙、来自澳洲的指橙，都是柑橘大家庭的一份子。柑橘类水果富含维生素 C，汁水丰富，是制作饮品的好选择。柑橘类水果皮油富含芳香物质，也常用作装饰，为饮品增香。

橙子

常见品种有脐橙、柳橙、新会橙等。橙子通常很甜，为降低橙汁甜度，可以加入柚子汁或水稀释。橙子也很百搭，适合与多种蔬果混合，如胡萝卜、苹果、菠萝等。果肉可以为饮品增加质感。

柚子与红柚

柚子甜度适中，酸度偏低，许多人喜爱食用。红柚果肉呈宝石红色，因为甜度低且带苦味，有些还很酸，故不被许多人接受，却是健身人士最喜爱的水果。一般外皮呈粉红色的比黄色的甜。果汁呈粉红色，用来制作饮品分外夺目。

柠檬与青柠

味酸，多用于烹饪与调制饮品，赋予酸味与清新气息。

苹果、梨与桃

苹果

苹果富含多种微量元素和维生素等多种人体所需的营养成分，热量低，且含有较多的钾，能与人体过剩的钠盐结合，使之排出体外，是家庭中常备水果。其品种丰富，大家都熟知的有蛇果、红富士、金冠苹果（也称黄香蕉苹果）、青苹果，还有最近大热的阿克苏冰糖心苹果和山东烟台苹果。饮品制作一般选个头大的苹果，汁水较多，青苹果味道较酸，制作饮品也可以取其酸味为饮品增加平衡。苹果切开后容易氧化，建议尽快食用。制成饮品时加入柠檬汁，可以延缓果汁变色。

梨

梨有着独特的清香，甜而不腻，低酸度，果肉爽脆多汁，有生津止渴、清热解毒的功效，冰糖炖雪梨可是俘虏了许多人的芳心。梨的品种丰富，个头大的富含汁水，适合调配饮品，如鸭梨、丰水梨、香水梨。梨与卷心菜搭配可以很好地中和其甘苦，与芹菜搭配可以中和其强劲味道。

桃

清润香甜，刚熟的桃子硬而甜，熟透的桃子软而多汁。含丰富的维生素 C、蛋白质，易消化，美肤且利肠胃。水蜜桃果实硕大，适合制作搅拌冰沙类饮品；油桃肉质爽脆，色泽亮丽，香味浓郁，适合切粒放置饮品内，也常切片作为饮品装饰。

莓果

草莓、覆盆子、蓝莓、蔓越莓、黑莓

莓果味道酸酸甜甜，很开胃。富含抗氧化剂——花青素。需要放置冰箱保存。草莓是最常见的，12 月上市，挑选草莓要选大小适中、外形匀称的，许多硕大而且呈不规则形状的一般是用促生长素催大的，不宜食用。蓝莓、覆盆子味道偏酸，非常适合制作果昔与冰沙。莓果清洗后不宜马上食用，需要放置水中加入少量盐，浸泡 20 分钟左右。

热带水果

许多热带水果现在一年四季都可以享用到。

香蕉

香蕉味甜，富含膳食纤维，可以为饮品增添甜度与质感。香蕉有能量发电站之称，食用后有饱腹感。

菠萝

菠萝也称为凤梨。香味馥郁，6~8月为最佳赏味期。因带果眼的菠萝处理时比较麻烦，故建议挑选无眼的品种，如金钻、香水等。菠萝含有的蛋白酶对口腔黏膜和嘴唇表皮有刺激作用，食用前要用盐水浸泡。挑选菠萝的时候轻轻按压，微软有弹性的就是成熟度比较好的。

猕猴桃

猕猴桃也称为奇异果，果肉柔软，口味酸甜，无核。常见有绿色果肉与黄色果肉两种。黄色的含糖量高，味甜；绿色的未成熟时偏酸，而且中间白色的心会较大，味道苦涩，食用时要先去掉。猕猴桃适合与绿色蔬果搭配，如青瓜、青苹果、绿葡萄等。挑选时注意外皮，避免选择有压坏的，轻轻按压，稍软的为宜，硬的需要放置密封米缸催熟。

芒果

芒果有热带果王之称，肉质细腻，气味香甜，富含维生素与膳食纤维。芒果的个头有的如女孩子拳头般大，如小台农；有的体型超大，重达500g，如澳洲青芒；有的以甜称著，如金煌芒；也有的以酸征服人，如泰国芒果。挑选芒果的时候最好是挑选颜色黄一点深一点的，避免有黑点或者压痕凹陷的，轻轻按压感觉稍微有点软，即为刚好成熟。芒果适合制作思慕雪（冰沙），搭配香蕉、橙子、苹果、胡萝卜等风味奇佳。但需要注意的是芒果有致敏性，有些人食用后会出现过敏症状，也应尽量避免与菠萝同时大量食用。

火龙果

火龙果是仙人掌科植物，果实外表像一团愤怒的红色火球，果肉呈白色或红色且布满黑色的小籽。口感顺滑，口味清香，是一种低能量的水果，富含水溶性膳食纤维，具有减肥、降低胆固醇、预防便秘等功效。火龙果中含有一般蔬果中较少有的植物性白蛋白，这种白蛋白会与人体内的重金属离子结合而起到解毒的作用。它富含抗氧化成分，能美白皮肤、预防黑斑。除此之外，火龙果中铁的含量也非常丰富，红心火龙果的胡萝卜素含量更高。

甜瓜

甜瓜是个大家族，外形呈圆球、扁圆球或椭圆形，表皮有的带有裂纹有的光滑，果肉有白、绿、黄等颜色。哈密瓜是夏季甜瓜，甜度可高达20；冬季甜瓜代表有白兰瓜，果香味与甜度都较低。但无论是哪一个品种，其实和青瓜都是"同门近亲"，所以都蕴含青瓜的味道。不得不提的是来自日本的殿堂级代表静冈蜜瓜，又一匠人精神产物，有4个等级：富士、山、白、雪，一千个蜜瓜只有一个入选最高"雪"级别。喜爱吃甜瓜的朋友还可以试试海阳网纹瓜和海南玫珑瓜，同样味美。

葡萄

种类繁多，不同种类在色泽、甜度、大小上都不一样。制作饮品时选用无籽与皮薄的会比较好，因为籽与皮不易分离，进入饮品中会带来苦涩味道，清洗后放置水中浸泡20分钟以保证去除农药残留。葡萄水分含量高，适合与"底子厚"的水果如芒果、水蜜桃等搭配，以营造出饮品的均衡质地。

百香果

果如其名，百香果以拥有上百种水果的香气而得此美名，同时也有水果中维生素C之王的美誉。百香果刚刚进入市场的时候是紫色外壳的品种，味道极酸，果汁含量较高，在饮品中充当酸味剂的作用，后来种植改良，百香果逐渐"变甜"，最近上市的是黄色外壳的黄金百香果，甜度高，果汁含量略低。百香果籽可食用，可以加入饮品中，也可以用搅拌器搅碎。

蔬菜

胡萝卜

胡萝卜有个好听的名字叫金笋，胡萝卜汁清甜宜人，胡萝卜素是维生素 A 的主要来源，可以增强免疫力，对眼睛与皮肤有好处。胡萝卜与苹果搭配堪称黄金组合，是很家常又有益的蔬果汁。不过胡萝卜不宜长期食用，会导致皮肤发黄。迷你胡萝卜或者有机胡萝卜是装饰的好材料，既好看又好吃。

甜菜根

甜菜根味甜，颜色艳丽，被称为根茎类蔬菜中的"超级食物"，是集天然、健康、营养于一身的高颜值蔬菜。甜菜根可以生吃也可以熟吃，甜菜根带有土腥味，与桃子或者橙子搭配可以很好地中和。制作饮品时，可以按照 1 份甜菜根搭配 3 份其他蔬果的配比进行调制。

山药

山药自古被中医视为滋补强身的药材，有着悠久的药食历史。它可以促进新陈代谢，加速消除疲劳，黏液成分中的黏蛋白也能够发挥保护胃壁的作用。与蓝莓、红枣、葡萄搭配，味道与养身两相宜。

羽衣甘蓝

常常在沙拉中出现的羽衣甘蓝营养丰富，有"超级食物"的美称，含有丰富的维生素C、维生素A、维生素K、叶酸以及钙、铁、磷、镁、锰等矿物质，还含有抗癌物质。低热量的它是健身人士喜爱的食材，但它口感粗糙，味略苦。

紫甘蓝

紫甘蓝俗称紫包菜，呈圆球形，叶子和茎都呈紫红色，味甘甜，且含有丰富的生物活性物质，如多酚、花色苷、硫苷等，具有抗氧化、护眼与调节免疫力的功能。

番茄

番茄中超过90%的是水分，富含营养，其中番茄红素具有抑制氧自由基的抗氧化作用。番茄是餐桌上常有的蔬菜，但不论是普通番茄还是个头迷你的樱桃番茄，都很适合调制饮品。制作的时候可以使用新鲜番茄，普通番茄应去皮，樱桃番茄不需要去皮;市面上有高质量的番茄汁，蕴含比较高的番茄红素，挑选时要选择不含糖与盐的，质地浓稠的富含更多的膳食纤维。

奶制品

牛奶

牛奶富含蛋白质、脂肪、维生素A、维生素D、维生素 B_2 和钾、磷、钙等矿物质，营养丰富均衡，且易于被人体吸收，故有"白色血液"之称。奶制品如奶油、炼乳、酸奶、冰淇淋等也因此广受欢迎。

全脂奶、半脱脂奶与全脱脂牛奶

牛奶中的脂肪含量为2.8%～4%，赋予牛奶顺滑口感与风味。半脱脂牛奶脂肪含量为1%～1.5%，全脱脂牛奶其实并不是零脂肪的，只是相对全脂而言，脱掉大部分的脂肪，但是脂肪含量还是有0.5%。脱脂的工序不仅去掉了脂肪，也去掉了奶的顺滑口感与香气，并造成维生素A、维生素D的流失。所以除了需要遵循医嘱或有减脂健身需求的人群以外，健康成人与儿童都建议饮用全脂牛奶。当然，取其中间选择半脱脂牛奶，也是不错的选择。

牛奶的包装与保质期

我们在超市中的冷藏柜与常温货架上都会看到不同品牌的牛奶，牛奶的包装各异，有塑料瓶装、玻璃瓶装、砖形盒、屋形盒、袋包装等，还有我们常听到的常温奶、鲜奶、巴氏消毒奶等，会让我们无从选择。其实选择牛奶，除了看脂肪含量，另外一个是看灭菌方式。牛奶因为不添加防腐剂，保质靠的是温度灭菌。现在市售的所有牛奶都是通过灭菌出售的，保证饮用安全。包装通常是根据保质期与运输而考量的，玻璃瓶与袋包装（百利包）多为乳业公司配送附近城市时选用；塑料瓶与砖形盒适合长途运输；屋形盒多用于巴氏灭菌奶，独特设计可以有效保存营养成分。

不同产地、不同品牌的牛奶，在味道上会有很大差别，不妨多试试，寻找适合自己的吧！

灭菌方式	高温灭菌奶	巴氏灭菌奶
工艺	137～145°C的高温加热4～15秒，温度越高，处理时间越长，对细菌的消灭效果就越明显	72～85°C的低温处理，灭活部分细菌。需低温保存以抑制细菌增生
优点	杀死几乎所有的细菌，部分不耐高温的营养物质如叶酸也被高温分解	更多营养成分
保质期/保存方式	3～12个月；室温保存	约2周；4℃冷藏
价格	价格较低	价格较高

酸奶

酸奶是以牛奶为原料，经过巴氏杀菌后再向牛奶中添加有益菌发酵而成的。口味酸甜，富含蛋白质与维生素，是乳糖不耐受人群不错的选择。当我们选购酸奶的时候，也会面临一个"无从下手"的难题，跟牛奶一样，有太多不同的选择了，该怎么选呢？这里有个小窍门，对一切包装产品都适用。

我们在选购的时候注意以下细节即可挑选到适合自己的酸奶。

商品名称

观察商品正标，在品牌名称下面一般是商品的细分类别，或者这个信息可以从背标上获得。关于酸奶，如果在商品名上标有"热处理风味发酵乳"字样，即表示酸奶在发酵后增加了加热工序，这道工序，虽然不损失蛋白质与维生素，但是会使活菌死亡。通常这样的产品，是常温保存的，保质期一般长达半年。

乳酸菌

市面上的酸奶乳酸菌有几种组合，有的含有"经典菌"嗜热链球菌和保加利亚乳杆菌（德氏乳杆菌保加利亚亚种）；有的含有其他乳酸菌，如乳双歧杆菌、植物乳酸菌、嗜酸乳酸菌等；也有的同时含有"经典菌"与其他种类的益生菌，这些都对肠道有保健作用。因为益生菌只可以到达肠道上半段，而且不可以在肠道定植，故不具有药效。

糖

许多产品都在广告语上写着大大的"0 糖"，如果是粗心的消费者就会购买了，其实细心看看背标，会发现有的产品是没有白砂糖或者蔗糖的，但是却含有其他形式的糖，如麦芽糖、葡萄糖、果糖、果葡糖浆、葡萄糖浆等作为替代物，补偿口感。如果肆无忌惮地食用，会引起不良后果。所以，如果有减糖需求的人群，选购商品时要注意，成分表上应该避免出现各种糖。

添加物

有的酸奶含有果汁、果粒、麦芽、杂粮、椰果等，营养更完善，但稀释了奶中原有的营养成分，营养价值不如无添加的高。

蛋白质含量

酸奶的原料中牛奶成分大于 80%，标准要求蛋白质含量≥ 2.3%。购买时要注意查看产品的营养成分表，最好购买那些蛋白质高、脂肪不高、碳水化合物不高的产品。

常温与冷藏包装

活菌需要冷藏保存，保质期为两周到一个月。

乳酸菌饮料

许多人会混淆酸奶与乳酸菌饮料，又或者是商家为了促销，会故意把它们都归为一类。其实它们还是有区别的。关键在于原料牛奶和菌种。乳酸菌饮料含有不同菌种，原料不是以牛奶为主，而是有加入比较多的水，故呈稀薄液体状，蛋白质含量相对低。希望肠道保健，又不喜欢浓稠口感，可以选用乳酸菌饮料。

自制酸奶

许多人喜欢自制酸奶，认为无添加，食用安全。但自制酸奶除了口感上可能会不理想，还要考量制作过程中的灭菌问题，居家环境许多时候并未能对所有器具进行有效灭菌，易造成安全隐患。其实只要掌握解读产品背标的方法，大可放心选用市售的优质酸奶。

小提示：

1. 不看广告语，只看背标与营养成分表。

2. 找到真正商品名，区别商品正标上广告性质偏高的名字。真名在背标上，显示为"商品名称"。商品名称会显示产品的细分类别和必要的加工工序，所以往往这个名字是很长的。

3. 成分表是按照成分多寡顺序排列的。正规产品，如果成分表上内容越少，添加越少，则越健康。

糖

我们天生喜爱甜食。在制作果汁、果昔时，因为水果自带甜度，许多时候不需要额外添加糖。但某些饮品，因为有添加液体或冰块，这时候就需要为饮品增添甜味，通过加入不同的糖，让饮品口味更好，而且，糖还可以起到桥梁作用，可以很好地连接不同食材，营造更好的味道与层次。当然，在追求健康的时代，有时候尽管是蔬果汁，也会感觉过甜，这时候可以适当加入纯净水稀释。饮品的甜度可以随口味决定是否添加与添加的分量。

砂糖、糖浆

一般在制作饮品的时候，使用液态糖浆比固态砂糖更简便，因为砂糖不易溶于常温或冰饮中。

黑糖

黑糖因制作时熬煮时间长而蕴含丰富的蔗香味与焦香味，除了具备糖的功能，还富含维生素、甘醇酸，以及铁、锌、锰、铬等微量元素，营养成分比白砂糖高出很多，喝热的黑糖水可让身体温暖，增加能量，加速血液循环。

枫糖

加拿大最具代表性的特产枫糖，产自枫树的树液，含糖量比蜂蜜更低，口味香醇。枫糖含有丰富的矿物质、有机酸和多酚化合物，广受大众喜爱。

蜂蜜

蜂蜜中 70% 以上是葡萄糖与果糖，还含有淀粉酶与维生素 B_1，具有更优越的甜味平衡性。不同花蜜会有不同的风味特质，市面上多为百花蜜。

麦卢卡蜂蜜

来自新西兰的麦卢卡红茶树花蜜含有抗菌活性物——麦卢卡树独特因子 UMF（独麦素），不受人体内酶成分影响，过氧化氢组成部分不会被破坏，所以麦卢卡蜂蜜不仅具有一般的保健功效，还能有效改善胃肠疾病与辅助治疗皮肤创伤。

咖啡

咖啡对许多人来说是开启每一天的钥匙。不论是美式、法压、虹吸、意式浓缩或是冷萃，甚至是即溶咖啡，都各自拥有忠实"粉丝"。其实大多数人钟情于咖啡都是从香味开始，这么来说，选择咖啡豆，自行研磨与制作，确实可以延长享用咖啡的过程，全过程鼻子都是愉悦的。开袋后的咖啡豆也要尽快使用完毕，最佳赏味期在7天内。

咖啡豆品种

阿拉比卡豆与罗布斯塔豆

阿拉比卡咖啡树多生长在海拔1000～2000米之间，豆形较小。咖啡含酸、甜、苦复杂绝佳的风味与香气。不同地域具有不同个性，如牙买加蓝山、印尼曼特宁、耶加雪啡和巴西咖啡等，可作为单品。

罗布斯塔咖啡树多种植在海拔200～800米的低地，个头大，苦味较强，香气弱，油脂丰富，不属于精品咖啡范畴，多用于拼配咖啡中。

精品咖啡

精品咖啡（Specialty Coffee），顾名思义是上好精品。这样的咖啡豆在看到的一瞬间就被征服：它们颗粒大小匀称完好，亮闪闪的油脂像披着一件美丽的礼服，接踵而来的是香气扑鼻和出众的风味。如醇苦甘的蓝山、苦与炭烤味曼特宁、酸与柑橘的清香代表摩卡、酸甘苦代表巴西咖啡等。

拼配咖啡

指由两种或以上不同咖啡豆组合而成。拼配师把不同特性的咖啡豆拼配，让其风味、力度、油脂、质地相互补足，发挥优点、抑制缺点，创造出特有风味的咖啡。

过往许多人笼统地认为拼配咖啡是劣质咖啡，其实不然，拼配咖啡也是有上好等级的。细品各地单品咖啡与优质拼配咖啡后，我们根据咖啡不同的香气特质，除了搭配传统牛奶、巧克力、焦糖以外，还可以搭配汤力水与花果。

意式浓缩咖啡与冷萃咖啡

这是从制作方式不同来介绍的两种咖啡。

意式浓缩咖啡是将细研磨咖啡粉通过短时高压冲煮过程制成的，咖啡油脂漂浮在咖啡表面，香气扑鼻，因短时萃取，含较少咖啡因。意式浓缩咖啡风味浓郁，可直接饮用，也可以作为基础材料，调配成咖啡饮品，如拿铁、卡布奇诺、摩卡等。意式全自动或半自动咖啡机、胶囊机皆可制作意式浓缩咖啡。

冷萃咖啡

冷萃咖啡是将粗研磨咖啡粉通过长时间浸泡于冷水中，再过滤掉咖啡渣制作而成的。咖啡粉长时间与水接触，释出香气与味道，有着更甜美柔润的口感，酸度较低，但也释出相对较多咖啡因。冷萃咖啡适合单独饮用，细品不同品种咖啡豆的特色风味，也可以搭配其他材料，制成口感轻盈的咖啡饮品。

其他食材

软饮

在饮品制作中，最常用到的基础添加之一是水。一般使用纯净水，矿泉水因含矿物质与微量元素，不宜煮沸，孩童不宜饮用，成人也不适宜一直长期饮用，否则会造成肝肾负担。居家使用过滤器，可滤掉水中杂质，将水烧开待凉即可。

另外，超市里有许多不同种类的饮料，含气泡的如可乐、七喜、柠檬汽水、苏打水、汤力水，不含气泡的如玫瑰水、椰子水等，既可以直接饮用，又可以作为饮品调制中的材料，为饮品增添口味。在使用瓶装饮料制作冰饮时，提前把软饮放冰箱中冷藏，效果会更好。在挑选含汽饮料的时候，如果希望为饮品带来强劲气泡，选择易拉罐装会优于瓶装。

植物蛋白饮料

植物蛋白饮料是以植物果仁、果肉等为主要原料，经加工制成的以植物蛋白为主体的乳状液体饮品，有豆奶、椰奶、杏仁露、核桃乳、燕麦露等。植物蛋白饮料口感轻盈，不含或含较少的胆固醇，富含蛋白质和氨基酸，适量的不饱和脂肪酸，营养成分较全，越来越受欢迎，而且市面上出现越来越多以此概念生产的饮料产品，含有南瓜子、奇亚籽、大米等成分。

香料和调料

香草荚、丁香、八角、肉桂、海盐

香料可以为饮品增添香气与层次。海盐由于富含矿物质，故味道更有层次，优于精制食盐，在饮品制作中常用，添加少量与甜搭配，可以让饮品回味悠长。但不宜长期食用。

酱类

酱类香醇浓稠，赋予饮品甜度与质感。最常见的是黑巧克力酱、白巧克力酱、焦糖酱，越来越多的酱类产品加入到饮品调制大家庭中，如花生酱、黑芝麻酱，还有最近大热的咸蛋黄酱。挑选酱类产品可以留意甜度，提倡健康，现在许多产品都会推出减糖的版本，让我们追求美味的同时也向健康的方向靠拢。

发酵类食物

果醋、发酵生姜汁

椰子醋、发酵生姜汁等发酵食品是人类巧妙地利用有益微生物加工制造的一类食品，通过发酵，使食品中原有的营养成分发生改变，保留了原来食物中的一些活性成分，微生物新陈代谢产生新的有益代谢产物，并产生独特的风味。水果发酵而成的果醋，可以替代柠檬汁或青柠汁，在饮品中起到酸甜平衡的作用。生姜汁通过发酵，保留了姜的辣味，还增添了丝丝香草的味道，奶油般顺滑，非常适合制作饮品。

茶

茶起源于中国，我们拥有久远的茶饮历史，"茶有益"的印象根深蒂固。茶含有茶多酚、茶氨酸、茶色素等物质，具有抗炎、延缓衰老、增强记忆力、消脂解腻的功效。

世界茶叶品种超过 3000 种，茶分为六大类型，是以加工方式来分类的。这里简单罗列各种茶的主要工艺，以及值得细品的代表名茶。

袋泡茶

袋泡茶一直以来给人的印象是质量不佳，但其实在过去几年里袋泡茶质量有显著提高，市面上出现高质量特产茶叶的袋泡茶，在商场、茶叶零售店里都可寻得，给繁忙的人们多了一个选择。带有佛手柑香气的伯爵茶、让人神清气爽的英式早餐茶、清凉降火的洋甘菊茶都是为人熟知且喜爱的。虽然是方便之选，但是袋泡茶也要遵循泡茶水温的规则，一般在包装盒上都会标明，跟大类茶冲泡水温度相一致。茶袋中茶叶较小，避免产生过浓的茶汤，要注意控制时间。

路易波士茶

路易波士茶即线叶金雀花 Rooibos，与黄金、钻石齐名，并称"南非三宝"。富含比绿茶高的多酚，有改善失眠、舒缓皮肤不适、预防糖尿病等功效，是完全无咖啡因的天然饮品。

草本

薄荷叶、罗勒叶、迷迭香

薄荷叶味道清凉，非常百搭，添加到夏日饮品中可增加冰凉透心的感觉。

罗勒叶又称九层塔叶，与草莓的味道很搭配。

迷迭香带有松木香的气味和风味，香味浓郁，常与红柚搭配。

花

干花

常见的有菊花、茉莉花、玫瑰花、盐渍樱花、洛神花、蝶豆花等，可以直接加水，也可以搭配不同的茶泡成花茶。

食用鲜花

多用于西餐摆盘装饰中，也可以用于饮品中作装饰。购回后可用饮用水稍微冲洗后直接使用。常见的食用鲜花种类有玫瑰花、三色堇、小黄菊、蓝星花、康乃馨、茉莉花等。请务必注意要区别于路边或花店售卖的观赏性鲜花，以防止农药残留混入饮品中，引起中毒。

咬物

珍珠、寒天晶球、奇亚籽、藜麦、红豆、椰果、海底椰、芦荟、白玉丸子、西米露、芋圆

从珍珠奶茶的流行开始，台式甜品店把芋圆引入大家视野，人们逐渐习惯饮用饮品的时候增加咀嚼感，有人笑称这是面颊肌肉的一种锻炼方法，但无论此说法是否科学，人们是越来越喜欢在饮品中加入各种质地的咬物，不止奶茶，水果茶中也会有添加。

饼干 / 糖果 / 谷物

曲奇饼干、咸蛋黄饼干、焦糖饼干、威化饼、棉花糖、巧克力豆、脆谷物、椰子脆片

这些材料常常作为饮品的装饰物放置饮品之上，增添美感，可搭配饮品食用；也可作为主要材料，加入饮品中，增加饮品质地与层次，如把饼干捣碎，在饮品顶部或底部铺上一层，芭菲的制作中经常会用到；制作冰沙时加入曲奇饼干，赋予饮品厚重质地与饱腹感。健康时代，谷物脆片也越来越广泛地被添加到饮品中。

种类	工艺	名茶代表
绿茶	**不发酵**：叶子采摘—干燥—杀青	龙井、碧螺春、信阳毛尖
白茶	**微发酵**：叶子采摘—晒或文火干燥	白牡丹特级茶、银针、寿眉
黄茶	**半发酵**：叶子采摘—杀青或揉捻—闷黄—干燥	君山银针、安徽霍山黄芽
乌龙茶	**半发酵**：采摘—萎凋—摇青—炒青—揉捻—烘焙	大红袍、凤凰单枞、铁观音、四季春
红茶	**全发酵**：采摘—萎凋—揉捻—发酵—干燥	祁门红茶、正山小种、金骏眉、大吉岭、锡兰
黑茶	**全发酵**：叶子采摘—杀青—揉捻—发酵—干燥	湖南黑茶、四川边茶

饮品制作的用具、设备与技巧

饮品制作需要相关工具，有些是较专业的工具，可以轻松网购得到，有些也可以在家中轻松找到替代品。

01 摇壶

调酒专用工具，可使液体混合均匀的器具，一般为不锈钢材质，有两段式与三段式之分。三段式摇壶自带大滤孔，可以快速过滤粗颗粒物质或冰块；两段式摇壶容积较大，过滤需配合滤冰器使用。

02 量杯 / 量筒 / 量勺

常用的是带刻度的不锈钢量杯，两端分别为 15ml、30ml 不等；分享饮品可以用较大刻度的量筒与量杯。量勺里的大勺与我们常用的汤勺容量相等，是 15ml；茶勺的容量是 5ml。

03 冰桶和冰铲

替换：分别以大碗和大勺替换。

04 镊子

夹取装饰物时使用。

05 冰夹

夹取冰块时使用。

06 捣棒

用于捣压草本与水果的器具，常见为木制或塑料材质，捣压面带有凹凸或者锯齿状。

替换：以擀面杖替代。

07 水果挖球器

挖取哈密瓜、西瓜等果肉的器具，把勺子插入水果，然后转动一圈即可轻松挖出圆球体。

08 吧勺

一种长柄不锈钢勺，用于搅拌、帮助分层和量取小分量原料，一吧勺约等于 5 毫升。另一端为叉子，可以叉取水果等材料。

替换： 可以用不锈钢长勺替换，选用小的勺子会方便搅拌。

09 不锈钢料理盆

用于打发淡奶油、黄油等。推荐使用不锈钢材质的，因为不锈钢性质稳定，敞口宽大，蛋白、淡奶油等比较容易打发。

10 滤冰器

这是调酒专用工具，平匙状，头顶带有弹簧线圈，把它放在调酒壶或杯子顶部可以用来过滤大颗粒物质或冰块。

11 滤网 / 粉筛

过滤细小颗粒物质或撒粉装饰时使用。

12 榨汁器

两款最常用且好用的榨汁器：手持式与按压式榨汁器，可以轻松压取柠檬汁、青柠汁等，多适用于柑橘类水果。

⑬水果刀和砧板

建议配置专用的水果刀和砧板，尤其避免使用切肉的刀与砧板切水果。使用前都要用开水烫一下，确保卫生。

⑭装饰物刻形模具

用于装饰物制作。按压出不同形状的果皮装饰物，为饮品增添趣味。

⑮冰淇淋挖球器

挖取冰淇淋的器具。挖冰淇淋球时准备一壶热水，浸泡一下挖球器让其温度升高，会比较容易挖球。

⑯挤酱瓶

将酱类放置瓶中，可以挤出均匀的形状。

⑰茶筅

打发抹茶时使用。

⑱酒签

串取装饰物时使用。常用的有不锈钢材质的酒签或竹签。

替换：居家可以牙签替代。

⑲喷火枪

使用喷火枪可以快速熔化糖，制作焦糖效果，也可以对香料轻微加热，释出香气。

⑳削皮刀 / 削皮器

用于对瓜果类水果去皮。

㉑去芯器

快速去除水果核与芯。

㉒碎冰机

专业商用的碎冰机刀片锋利，持久耐用。家庭可以购买小型台式碎冰机，简单方便且不占位置。还有一个好办法就是把冰块放入食用塑料袋，封上锁条，使用擀面杖或者硬物敲碎即可。

㉓打蛋器

主要用于搅拌和混合。电动打蛋器转速较快，适合用于打发淡奶油和黄油。本书中制作奶盖时会用到此工具。平日可以打发鸡蛋。烘焙中常用工具，价格亲民。

㉔厨房秤 / 电子秤

简易厨房秤随手可得，有最小称量刻度为 5g 的。电子秤精准到 1g，有去皮、去容器重量的功能。使用电子秤可以精准把握饮品的分量。

㉕搅拌器

台式搅拌器，锋利刀头可以打碎冰块、坚果、水果等食材。另有手持式，用于搅拌少量或单杯量水果。不同品牌的搅拌器由于刀头与功率各不相同，搅拌时间会略有不同，制作一杯量的时间为 30 秒至 1 分钟。书中制作思慕雪（冰沙）时，"搅拌至柔滑"的状态为目测混合物颗粒如细砂糖般细小即可。

㉖各式杯子

杯子是一杯美味饮品不可或缺的元素。挑选合适的杯子往往能让饮品加分。360ml 与 420ml 两款大小的杯子会比较通用。盛载热饮要使用耐热材料制作的杯子，以防破裂。

㉗Nespresso Creatista Plus 家用胶囊咖啡机

家用胶囊咖啡机是居家制作咖啡的好选择，既可以短时萃取脂香浓郁的浓缩咖啡液，也可以加长萃取时间萃取美式咖啡液，适合不同人不同时段的选择。咖啡液可以直接享用，也可以制作各式冷热饮品。有的咖啡胶囊机还带制作奶泡功能，可以快速制作细腻奶泡，与咖啡液很好的融合，在家就可以享用高品质拿铁和卡布奇诺。

本书的饮品制作中需要用到的意式浓缩咖啡，均使用 Nespresso Creatista Plus 家用胶囊咖啡机萃取。19 巴高压萃取，不仅可以制作 8 种奶沫质地，还有 11 种牛奶温度设定，可以按喜好制作 8 款咖啡饮品，从浓缩、卡布奇诺、拿铁到平白、美式都可以，使用很方便，是一个不错的选择。

22. 22. 24. 23. 23. 25. 26.

27.

饮品基础原料在家自己做

自制糖浆

材料：

1 份 白砂糖（或黑糖或冰糖）

1 份 常温纯净水

制作方法：

1. 将糖和水以 1:1 的比例放入容器中。
2. 搅拌至糖完全溶解，密封存放于冰箱。可以存放 2 周。
3. 若是黑糖或冰糖，可放进烧开的热水中，搅拌至糖完全溶解。

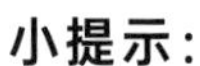

小提示：

相比白砂糖，糖浆更容易与液体混合。自制糖浆很简单，而且可以存放于冰箱中，使用方便。

咖啡冻

材料：

10g 吉利丁片

300ml 热美式咖啡

30g 白砂糖

150ml 冰水

制作方法：

1. 将吉利丁片放入冰水中泡软待用。
2. 准备好热美式咖啡，先将白砂糖放入咖啡中搅拌，再将泡软的吉利丁片放入咖啡里充分搅拌融化。
3. 待降至室温后，放入冰箱，1 小时后成型待用。

用法示例： 海盐焦糖咖啡思慕雪 P77

樱花冻

材料：

10g 吉利丁片

30ml 樱花糖浆

150ml 热开水

150ml 冰水

2~3 朵 盐渍樱花

制作方法：

1. 将吉利丁片放入冰水中泡软待用。
2. 将樱花糖浆倒入杯中，加入热开水与盐渍樱花，搅拌均匀。
3. 再将泡软的吉利丁片放入，充分搅拌融化。
4. 待降至室温后，放入冰箱，1 小时后成型待用。

用法示例： 盐渍樱花奶茶 P161

蜂蜜水

材料：

1 份 蜂蜜

1 份 温水

制作方法：

1. 将蜂蜜和温水以 1:1 的比例放入容器中。
2. 搅拌均匀即可。

小提示：

蜂蜜质地比较浓稠而比较难溶解，制作冷饮的时候建议使用预先调配好的蜂蜜水。

山楂酱

材料：

500g 新鲜山楂

500ml 纯净水

50g 冰糖

制作方法：

1. 把山楂洗干净切片。锅内放入 350ml 纯净水烧开，把山楂放锅里汆煮一下，捞出，把核去掉。
2. 把山楂放入锅中慢火翻炒，加入 150ml 纯净水与 50g 冰糖，直到水烧干即可关火。
3. 待凉后放入密封罐中，置于冰箱冷藏可以保存 1 周。

用法示例： 山楂薏米露 P117

薏米露

材料：

30g 薏米

300ml 纯净水

制作方法：

1. 薏米洗净，浸泡 2 小时，捞起待用。
2. 把纯净水倒入锅中，大火煮开后放入薏米，转中火，煮至薏米开花即可。

用法示例： 山楂薏米露 P117

山药泥

材料：

100g 山药
300ml 纯净水

制作方法：

1. 把山药去皮洗净切片。
2. 水放锅中烧开，放入山药片，中火煮约 2 分钟至浮起。
3. 捞起放入搅拌器中，搅拌均匀。
4. 放入保鲜盒中密封保存，3 天内食用完毕。

用法示例： 柚子山药 P109、芋泥紫薯奶茶 P163

小提示：
以同样方式可以制作芋泥、紫薯泥、南瓜泥与栗子蓉，可以在搅拌前放入约 80ml 牛奶与 30g 白砂糖，让质地变得更柔滑，味道香甜。因加入奶制品，建议当天制作当天食用。

黑糖珍珠

材料：

60g 珍珠
100g 黑糖浆
600ml 纯净水

制作方法：

1. 把水倒入锅中烧开，加入珍珠，中火煮 10 分钟，关火闷 10 分钟。
2. 把珍珠捞出，放入黑糖浆中浸泡至少 2 个小时，使之入味。
3. 密封存于冰箱中冷藏，可保存 1 周。

用法示例： 黑糖珍珠奶茶 P157

白玉丸子

材料（8 颗份）：

100g 糯米粉
600ml 纯净水

制作方法：

1. 把 100g 糯米粉放入碗里，加入 70ml 纯净水，边加边搅拌，搅成面絮状。
2. 揉搓成光滑面团，搓成长条，分成等份的剂子，揉成球状。
3. 锅中加入 500ml 纯净水，煮沸后加入丸子，盖上锅盖。
4. 将丸子煮至漂浮，加入 15ml 纯净水，盖上锅盖，再煮沸，此步骤重复一次。
5. 将煮好的丸子盛出待凉，当天使用为佳。

用法示例： 黄豆香蕉思慕雪 P79

冷萃咖啡

材料：

50g 咖啡粉
500ml 纯净水

制作方法：

1. 把咖啡粉与水混合倒入密封容器内，置于冰箱冷藏一晚。
2. 第二天取出，以滤纸过滤得到咖啡液。

用法示例： 蝶豆花咖啡 P133、椰香冷萃 P135

柠檬 / 青柠榨汁

按压式榨汁器

1. 将柠檬（或青柠）洗净，对半切开。
2. 放置榨汁器中旋转轻压出汁即可。

手持式榨汁器

1. 将柠檬（或青柠）洗净，对半切开，把两端皮也切掉。
2. 将中间切面朝下放置手持式榨汁器中。
3. 合上榨汁器，用力按压出汁即可。

大白兔奶糖酱

材料：

200g 大白兔奶糖
100ml 牛奶

制作方法：

1. 把奶糖放入不锈钢料理盆中。
2. 加入牛奶。
3. 隔水加热，搅拌均匀至完全融化。

用法示例： 椰香大白兔奶茶 P165

芝士奶盖

材料：

250ml 牛奶

150ml 淡奶油

100g 奶油芝士

30g 白砂糖

3g 海盐

制作方法：

1. 将牛奶倒入搅拌器中。
2. 将奶油芝士放入搅拌器中。
3. 加入海盐，搅拌均匀，做成混合液 A。
4. 将淡奶油放入不锈钢料理盆中。
5. 加入白砂糖。
6. 以电动打蛋器搅拌均匀，做成混合液 B。
7. 把混合液 A 倒入混合液 B 中。
8. 以电动打蛋器搅拌约 1 分钟即可。

用法示例：芝士茉莉绿 P151、芝士葡萄 P153、芝士抹茶拿铁 P155、椰香大白兔奶茶 P165、咸蛋黄流沙奶茶 P167

小提示：

1. 为确保打发成功，一般选用冷藏的淡奶油与牛奶。可以把不锈钢料理盆、电动打蛋器的搅拌棒一起置于冰箱内冷藏（4 ～ 5℃）半小时以上。

2. 同方向匀速加速搅拌，切忌相反方向搅拌。把搅拌棒置入混合物中，先启动 1 档，搅拌约 30 秒后，让小部分空气进入，然后再提高速度。边搅拌边观察混合物体积增大。

3. 如制作不同风味的奶盖，即在第三个步骤加入 30g 各式风味酱即可。不同风味奶盖，可以让饮品增添不同风味。（如咸蛋黄风味奶盖，在上述配方中加入 30ml 咸蛋黄风味酱，一同打发。如椰香风味奶盖，在上述配方中加入 30ml 椰浆，一同打发。）

4. 奶制品建议当天制作当天用完。

素奶盖：鹰嘴豆水奶盖

鹰嘴豆水

最早认识鹰嘴豆是缘于素食餐厅，甜点师告诉我们：浸在水中的豆类会释放蛋白质与碳水化合物，使水变得浓稠，富含营养，且容易打发。他们用鹰嘴豆的汁水替代蛋清，做成素慕斯蛋糕。后来我便把这一元素用于饮品中，在鸡尾酒中替换掉蛋清，在饮品中做出素奶盖，咸甜结合，给饮品增添绵密又轻盈的口感。制作鹰嘴豆水奶盖比较简易的方法是使用鹰嘴豆罐头里面的水。余下的豆子可以制作沙拉或用于其他烹饪。

材料：

150ml 鹰嘴豆水

15ml 糖浆

制作方法：

1. 将鹰嘴豆罐头内的水倒入量杯中。
2. 加入糖浆。
3. 稍微搅拌均匀。
4. 将混合液倒入不锈钢料理盆中，用电动打蛋器搅打至出现白色浓稠泡沫状即可。

小提示：

打发的鹰嘴豆水尽量当天使用完毕。

用法示例：波士焦糖思慕雪 P81、黑武士 P179、黑芝麻双重豆乳 P181 、燕麦波士拿铁 P183

西米

材料：

100g　西米

1000ml 纯净水

制作方法：

1. 将 500ml 纯净水倒入锅中，烧开后加入西米，中火边搅拌边煮约 10 分钟，观察西米中间剩下的小白点。
2. 熄火，盖上锅盖闷约 10 分钟，此时西米变成全透明。
3. 用筛子过滤掉水，浸入余下的纯净水中，待凉，过滤掉水加入饮品中。

用法示例：杨枝甘露 P205

茶

红茶 / 伯爵红茶

材料：

2g 红茶 / 伯爵红茶
250ml 100℃热水

制作方法：

把茶包 / 茶叶置于杯中，倒入250ml热水，等待3分钟即可。

绿茶

材料：

2g 绿茶
250ml 90℃热水

制作方法：

把茶包 / 茶叶置于杯中，倒入250ml热水，等待3分钟即可。

路易波士茶

材料：

10g 路易波士茶
350ml 100℃热水

制作方法：

将路易波士茶放入杯中，倒入350ml热水，等待3～5分钟即可。

用法示例： 波士焦糖思慕雪 P81、燕麦波士拿铁 P183

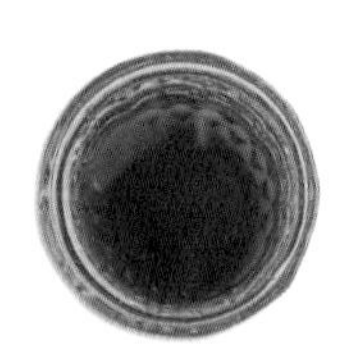

蝶豆花茶

材料：

2g 蝶豆花
300ml 90℃热水

制作方法：

把蝶豆花置于杯中，倒入热水，等待3分钟，滤掉即可。

乌龙茶 / 四季春

材料：

2g 乌龙茶 / 四季春
250ml 100℃热水

制作方法：

把茶包 / 茶叶置于杯中，倒入250ml热水，等待3分钟即可。

茉莉花茶

材料：

2g 茉莉花茶
250ml 90℃热水

制作方法：

把茶包 / 茶叶置于杯中，倒入250ml热水，等待3分钟即可。

抹茶

材料：

2g 抹茶粉

200ml 70 ～ 80° C 热水

制作方法：

1. 用勺子取 2g 抹茶粉，过筛至茶碗中。
2. 向茶碗中加入约 20ml 热水。
3. 用茶筅在碗中搅动，使抹茶粉与水融合成膏状；将剩余的热水倒入碗中用茶筅点打茶汤，使茶水混匀即可。

用法示例：抹茶红豆思慕雪 P73、芝士抹茶拿铁 P155

冰块

冰块对饮品的影响很重要。一杯冰饮，要让其温度达到足够低温，才会好喝。这时需要足量高质量的冰块，通常一杯 360ml 的饮品，用冰量需要达 100 ～ 150g。另外，冰块质量也至关重要。一颗优质的冰块应该是实心且晶莹剔透的，中间无白雾杂质，这样的冰块温度够低，化水慢，无杂质，不容易影响饮品风味与甜度。

家中制作冰块可以选用纯净水，用 2 寸大冰格。另外注意冰块存储于独立隔断的冷冻柜中，以防串味。超市也有高质量纯冰售卖，呈大小不一的不规则形状，但通透美丽，是制作各种饮品的好帮手。使用时只需要用不锈钢勺或擀面杖等工具，轻轻敲碎至所需大小即可。

另外，冰块是存储草本与食用鲜花的好帮手。如有用不完的罗勒叶、薄荷叶、食用菊花、三色堇等，可以放置在冰格中，加入纯净水，简单制作成美丽的花草冰；搭配蔬果系列的饮品，如风味苏打、冰茶等，马上为饮品加分。

咖啡液或者牛奶也可以倒入冰格，冻成咖啡冰或者牛奶冰。制作饮品时加入，不仅好看，冰饮也不会随着时间推移变淡，值得一试。

碎冰还可以制作成小冰碗，为饮品 " 乔装打扮 " 一下。

冰碗

制作方法：

1. 将冰块打成碎沙状，放入手持榨汁器中。
2. 合上手持榨汁器，将碎冰压成半碗状。
3. 取出待用。
4. 可将水果切粒放入，置于饮品之上作装饰。

用法示例：水蜜桃泡泡 P57

02.

大显身手
跟着做
FOLLOW ME TO PRACTICE

- 风味苏打
- 思慕雪
- 健怡饮品
- 咖啡与可可
- 鲜果鲜茶
- 潮流街饮
- 鲜牛乳
- 植物蛋白乳
- 无酒精鸡尾酒

风味苏打

风味苏打无疑是炎夏的解渴首选，伴随着杯中的气泡迸裂带来的清爽口感，分外解渴。

迷迭香红柚苏打

红柚果肉呈橘红色，肉质脆嫩、多汁，味甜酸，后味清新，搭配充满提神香气的迷迭香，是夏日午后的首选。

材料：

红柚……………………………………………1个
蜂蜜水…………………………………………60ml
苏打水…………………………………………120ml
迷迭香…………………………………………1束

建议装饰物：

2片红柚、食用玫瑰花瓣、橙皮

做法：

1. 将红柚洗净切开，切两片红柚待用，其余去皮切粒。
2. 红柚粒放入杯中。
3. 以捣棒捣压红柚粒。
4. 加入蜂蜜水。
5. 加入冰块。
6. 加入苏打水。
7. 搅拌均匀。
8. 放入迷迭香和装饰物，在杯子上方将橙皮卷起再拉伸，释放橙皮精油。

青柠麦卢卡蜂蜜泡泡

青翠气泡缓缓上升，充满动感，这是一款对肠胃非常友好的开胃饮品。

材料：

新鲜青柠汁 ………………………… 15ml
麦卢卡蜂蜜水 ……………………… 60ml
苏打水 ……………………………… 120ml
青柠片 ……………………………… 3 片
冰块 ………………………………… 100g

建议装饰物：

指橙、薄荷叶

做法：

1. 将新鲜青柠汁倒入杯中。
2. 加入麦卢卡蜂蜜水。
3. 加入冰块。
4. 倒入苏打水。
5. 搅拌均匀。
6. 放入青柠片与装饰物。

水蜜桃泡泡

水蜜桃味美清甜，有清胃润肺功效，富含多种维生素，其中维生素 C 含量最高。加入苏打水，小气泡破裂时绽放出蜜桃芬芳，是悠长夏日的甜美气息。

材料：

新鲜水蜜桃果粒 …… 80g
水蜜桃汁 …… 60ml
糖浆 …… 10ml
苏打水 …… 180ml
冰块 …… 100g

建议装饰物：

水蜜桃果粒、食用花

做法：

1. 将新鲜水蜜桃果粒倒入长饮杯中。
2. 以捣棒轻轻捣压。
3. 加入水蜜桃汁。
4. 加入糖浆。
5. 加入 70g 冰块。
6. 倒入苏打水。
7. 用剩余冰块制作冰碗。
8. 放上水蜜桃果粒和食用花作装饰。

小提示：

去掉糖浆与水蜜桃汁，仅使用水蜜桃果粒加苏打水，可以享用一杯果味清新微甜、清爽零负担的苏打泡泡。可以按照自己的喜好选用时令水果制作成各式水果苏打泡泡。

Ball
MASON

咸柠七

经典饮品，儿时记忆，茶餐厅的好选择，清凉消暑又解渴，也是喉咙不适者的首选。

材料：

咸青柠 ………………………………………… 1个
七喜汽水 ……………………………………… 200ml
冰块 …………………………………………… 100g

建议装饰物：

薄荷叶

做法：

1. 将咸青柠放入杯中。
2. 加入冰块。
3. 倒入冰镇过的七喜汽水。
4. 放上装饰物。饮用前用勺子挤压咸青柠，搅拌均匀即可。

小提示：

饮用前挤压咸青柠，这个步骤不可或缺，通过挤压把青柠的咸味释放，咸甜交织，这才是一杯完美咸柠七的味道。咸青柠自制也很简单：将青柠洗干净，去头去尾，擦干后以叠加的方式将盐与青柠放入密封罐里，密封保存，一个月后即可使用。当然，大家也可以选用柠檬来制作。市面上也有罐装的咸柠檬产品供选择。

思慕雪

水果与冰的完美结合，通过搅拌器搅拌至质地柔滑，有如新鲜制作的水果软冰，消暑解渴。

芭乐优格思慕雪

芭乐即番石榴，红心的品种是颜值担当。番石榴的膳食纤维与维生素 C 含量都极高，不仅能有效地清理肠胃，还能美白肌肤。番石榴与酸奶（优格）结合，搅拌制作为思慕雪，饮用时先闻到阵阵清香，随之而来的是口腔可感受到的脆脆的颗粒感，这是番石榴的籽带来的奇妙口感。

材料：

番石榴块 ………………………………………… 100g
低脂酸奶 ………………………………………… 160ml
蜂蜜 ……………………………………………… 20ml
纯净水 …………………………………………… 50ml
冰块 ……………………………………………… 150g

建议装饰物：

番石榴片、薄荷叶

做法：

1. 将低脂酸奶倒入搅拌器中。
2. 加入蜂蜜。
3. 加入一半冰块。
4. 搅拌至质地柔滑，倒入杯中。
5. 搅拌器清洗干净后，把番石榴块倒入。
6. 加入剩余冰块与纯净水。
7. 搅拌至质地柔滑，倒入杯中，形成分层效果。
8. 放上装饰物。饮用时搅拌均匀。

小提示：

以上做法使用了小技巧让饮品上下分层，赋予视觉美感。其实，把所有材料一起倒入搅拌器中搅拌至质地柔滑，同样可口。

牛油果雪梨思慕雪

小时候听爸爸介绍过一款水果，口感柔滑如冰淇淋，许久以后才知道爸爸说的是牛油果。牛油果质地柔滑，味清新而偏寡淡，含有丰富的维生素和脂肪。雪梨多汁，香甜可口，属性偏寒。两者搭配在风味或者口感上都是绝佳。融化掉的香草冰淇淋就是一个完美的冰奶盖！

材料：

牛油果（去核）…… 100g
绢豆腐 …… 75g
雪梨汁 …… 50ml
香草冰淇淋 …… 50g
蜂蜜 …… 10ml
冰块 …… 150g

建议装饰物：

薄荷叶

做法：

1. 香草冰淇淋放置室温融化待用，将雪梨汁倒入搅拌器中。
2. 加入蜂蜜。
3. 加入牛油果。
4. 加入绢豆腐。
5. 加入冰块。
6. 搅拌至质地柔滑，倒入杯中。
7. 缓缓倒入融化的香草冰淇淋。
8. 放上装饰物。

小提示：

冰淇淋可以跟所有材料一同搅拌，同样美味！

莓果优格思慕雪

莓果酸酸甜甜，颜色鲜艳、吸引眼球，而且果实中富含维生素、膳食纤维、果胶等，尤其富含花青素，具有良好的营养保健作用，还具有护眼、强心、软化血管、增强人体免疫力等功效。莓果一直以来都是酸奶（优格）的好搭档，适合夏日饮用。

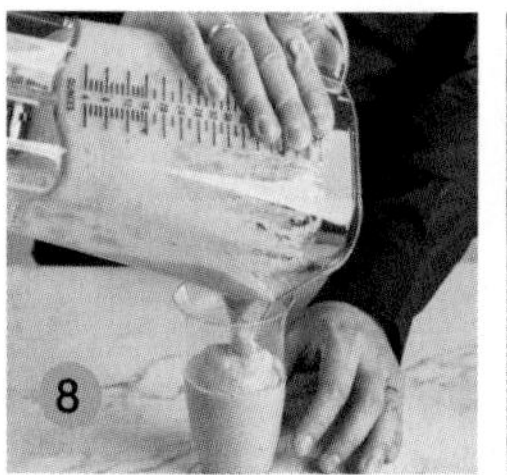

材料：

覆盆子 ………………………………………… 15g
蓝莓 …………………………………………… 15g
草莓 …………………………………………… 30g
低脂酸奶 ……………………………………… 100ml
低脂酸奶冰淇淋 ……………………………… 50g
蜂蜜 …………………………………………… 10ml
冰块 …………………………………………… 150g

建议装饰物：

蓝莓、覆盆子、草莓、薄荷叶

做法：

1. 将低脂酸奶放入搅拌器中。
2. 加入蜂蜜。
3. 加入覆盆子。
4. 加入蓝莓。
5. 加入草莓。
6. 加入低脂酸奶冰淇淋。
7. 加入冰块。
8. 搅拌至质地柔滑，倒入杯中。
9. 放上装饰物。

荔枝火龙果思慕雪

荔枝、火龙果与椰子水搭配格外清甜，香蕉赋予了一定的甜度与质感，堪称夏日优选。

材料：

荔枝（去核）…………………………………… 6颗
红心火龙果块 …………………………………100g
香蕉 ………………………………………………半根
椰子水 ……………………………………………100ml
燕麦露 ……………………………………………100ml
冰块 ………………………………………………150g

建议装饰物：

火龙果球、草莓

做法：

1. 将荔枝放入搅拌器中。
2. 加入红心火龙果块。
3. 加入香蕉。
4. 加入椰子水。
5. 加入燕麦露。
6. 加入冰块。
7. 搅拌至质地柔滑，倒入杯中。
8. 放上装饰物。

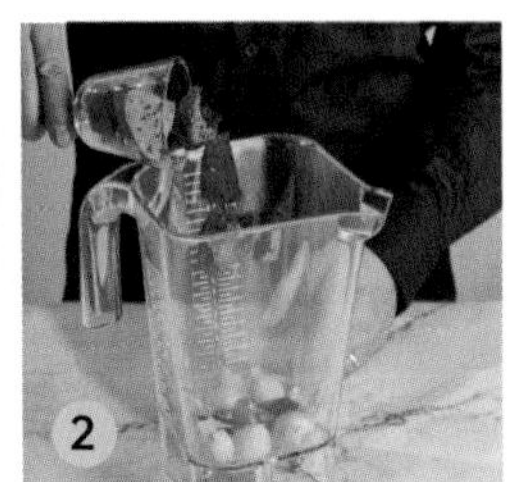

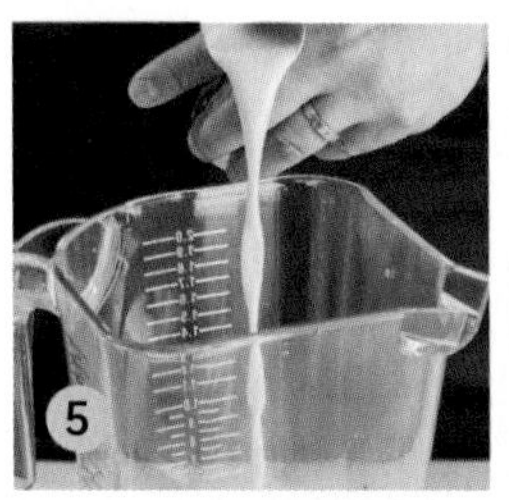

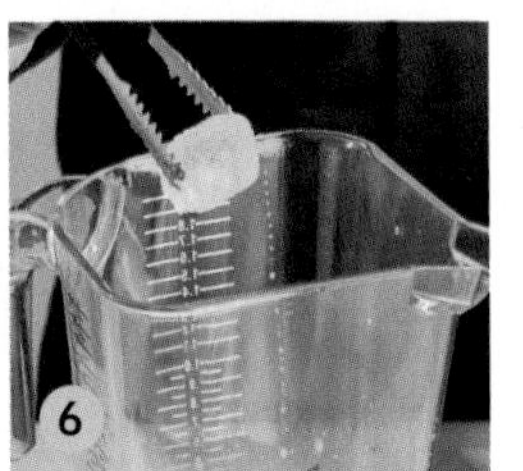

花生椰子脆脆思慕雪

椰子水含大量蛋白质、糖类、脂肪、维生素 B_1、维生素 E、维生素 C、钾、钙、镁等，味道清甜，非常解渴。椰子总是令人联想到碧海蓝天与悠长假期，加入富含 ω-3 不饱和脂肪酸且有天然抗氧化成分的奇亚籽，椰子脆片与液体交融，经搅拌器搅打后化身椰丝，与花生酱香气相会交融，香甜美味又充满嚼劲，让人一试难忘！

材料：

奇亚籽 …………………………………… 10g
纯净水 …………………………………… 30ml
低糖花生酱 ……………………………… 30ml
椰子水 …………………………………… 150ml
椰子脆片 ………………………………… 30g
冰块 ……………………………………… 150g

建议装饰物：

椰子脆片

做法：

1. 奇亚籽以 30ml 纯净水泡开，滤水后倒入搅拌器中。
2. 加入低糖花生酱。
3. 加入椰子水。
4. 加入椰子脆片。
5. 加入冰块。
6. 搅拌至质地柔滑，倒入杯中。
7. 放入装饰物。

抹茶红豆思慕雪

红豆又名相思豆，是甜蜜的儿时味道。抹茶红豆——红配绿，经典搭配。抹茶的青草海苔味正好搭配红豆的香甜软糯，香气与口感绝佳。红绿白搭配，日系风情，简洁高雅。

材料：

红豆酱 ………………………………………… 80ml
抹茶液 ………………………………………… 100ml
牛奶 …………………………………………… 100ml
抹茶冰淇淋 …………………………………… 80g
糖浆 …………………………………………… 20ml
冰块 …………………………………………… 150g

建议装饰物：

椰丝豆腐

做法：

1. 红豆酱放入杯中待用。
2. 将抹茶液倒入搅拌器中。
3. 加入糖浆。
4. 加入牛奶。
5. 加入抹茶冰淇淋。
6. 加入冰块。
7. 搅拌至质地柔滑，倒入放好红豆酱的杯中。
8. 放上装饰物。

巧克力坚果谷物思慕雪

巧克力、坚果与谷物脆片搭配，能量与口感兼备，赋予人无限活力。

材料：

黑巧克力酱……10ml
可可粉……50g
燕麦露……150ml
巴旦木仁……10 颗
谷物脆片……15g
炼乳……45ml
冰块……150g

建议装饰物：

巧克力百力滋

做法：

1. 在杯中挤入黑巧克力酱，待用。
2. 将燕麦露倒入搅拌器中。
3.. 加入可可粉。
4. 加入炼乳。
5. 加入巴旦木仁。
6. 加入冰块。
7. 搅拌至质地柔滑，倒入杯中。
8. 撒上谷物脆片，放上装饰物。

小提示：

燕麦露可以同等分量牛奶替代，同样美味。

海盐焦糖咖啡思慕雪

焦糖的甜蜜滋味融合咖啡的烘焙香气，以海盐作点缀，咸甜结合，回味无穷。

材料：

海盐 …… 3g
焦糖酱 …… 45ml
浓缩咖啡 …… 60ml
牛奶 …… 180ml
咖啡冻 …… 100g
冰块 …… 150g

建议装饰物：

焦糖饼干

做法：

1. 将咖啡冻倒入杯中待用。
2. 将浓缩咖啡倒入搅拌器中。
3. 加入牛奶。
4. 加入焦糖酱。
5. 加入海盐。
6. 加入冰块。
7. 搅拌至质地柔滑，倒入盛有咖啡冻的杯中。
8. 放上装饰物。

黄豆香蕉思慕雪

浓浓的豆香味，软糯的香蕉，加上 Q 弹十足的自制白玉丸子，让人垂涎三尺。

材料：

香蕉……………………………………………半根
黄豆粉…………………………………………30g
牛奶……………………………………………120ml
糖浆……………………………………………30ml
白玉丸子………………………………………3 颗
冰块……………………………………………150g

建议装饰物：

白玉丸子、黄豆粉

做法：

1. 将牛奶倒入搅拌器中。
2. 加入香蕉。
3. 加入糖浆。
4. 加入黄豆粉。
5. 加入冰块。
6. 搅拌至质地柔滑，倒入杯中。
7. 放上串好的白玉丸子，撒上黄豆粉。

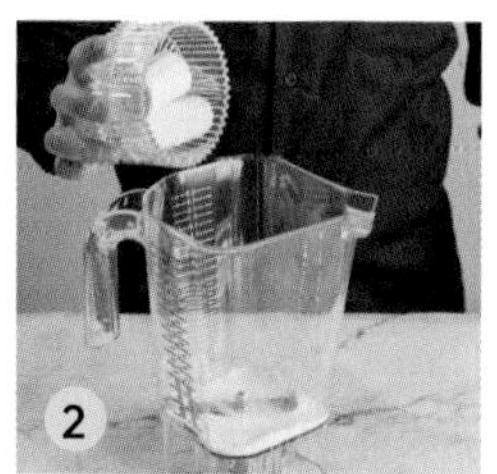

波士焦糖思慕雪

焦糖饼干总是让人感觉幸福满满，与路易波士茶搭配擦出了新火花，是任何时刻都可享用的一杯饮品。

材料：

焦糖饼干酱 ………………………………… 45g
路易波士茶 ………………………………… 80ml
牛奶 ………………………………………… 80ml
冰块 ………………………………………… 150g

建议装饰物：

鹰嘴豆水奶盖、果仁饼干棒

做法：

1. 将焦糖饼干酱放入搅拌器中。
2. 加入牛奶。
3. 加入路易波士茶。
4. 加入冰块。
5. 搅拌至质地柔滑，倒入杯中。
6. 加入鹰嘴豆水奶盖与果仁饼干棒作装饰。

健怡饮品

追求身心健康已成为当下的大趋势。人们不仅注重食物的味道，还思考如何可以让身体更健康。人们越来越关注食材本身的功效与食物的健康烹煮方式，减少加工工序，减少添加剂的摄入，以获得更高的营养价值。各种材料不断涌入视野，如何搭配、何时食用、有何功效，都是时下人们所追求与探寻的。我们倡导健康生活方式，多喝水，可以从一杯简单的柠檬水开启元气满满的每一天。健怡饮品，介绍的是健康、口味宜人的饮品。在家轻松制作即可，暂且放下手机，从繁忙中抽离出来，为自己、家人、好友制作一杯，获得宁静感。

果昔流行已久，这是食用蔬果的一种健康方式，永不过时。三年前，我突发奇想：虽然羽衣甘蓝有着"超级食物"的美称，但并不是每个人都可以吃得下沙拉碗里寡而无味的蔬菜，那么可否把蔬菜元素加入饮品中，把它变得好喝呢？其实很简单，只要加入味道相搭的水果即可，水果中的糖类与丰富果胶可以中和蔬菜的"寡淡"，蔬菜的加入赋予饮品独特的香气，让饮品更清香。

健怡饮品

让人变漂亮的蔬果汁

丰富的维生素与膳食纤维能促进肠道运动，排去身体毒素，让人容光焕发。

加拿大早餐

这款果汁的创作灵感来源于一款经典鸡尾酒，第一次尝到的时候我就被它惊艳到。好朋友把我不喜欢的元素——波本威士忌与糖放一起，巧妙地加入新鲜红柚汁，出来的效果有如从地狱至天堂，当时闭上双眼，脑海中出现的画面是阳光充沛的秋日、枫林大道与热气腾腾的华夫饼。从那时候开始，这款果汁成为我周末的早午餐首选。

材料：

红柚……1个
枫糖……30ml
纯净水……80ml
冰块……100g

建议装饰物：

迷迭香

做法：

1. 将红柚洗净切开，切两片红柚待用，其余榨汁，倒入杯中。
2. 加入枫糖。
3. 搅拌均匀。
4. 加入冰块与纯净水。
5. 加入红柚片。
6. 放上装饰物。

椰子活力饮

天然椰子水富含天然电解质，是剧烈运动或宿醉后的天然补给品。天然椰子水搭配椰子醋，富含各种氨基酸、维生素、矿物质、酶，酸中带甜，有助于轻体排毒。

材料：

椰子水……200ml
椰子醋……10ml
蜂蜜水……20ml
冰块……200g

建议装饰物：

青柠片、黄柠片、食用兰花

做法：

1. 将冰块放入球形玻璃杯中待用。
2. 将椰子醋与椰子水倒入大玻璃杯中。
3. 加入蜂蜜水。
4. 加入冰块。
5. 搅拌均匀。
6. 过滤后倒入球形玻璃杯中。
7. 放上装饰物。

小提示：

椰子醋味道较酸，如感觉太酸，可以减少醋的用量或添加适量蜂蜜。

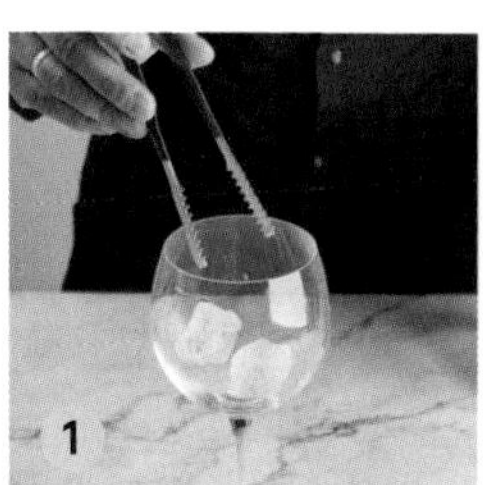

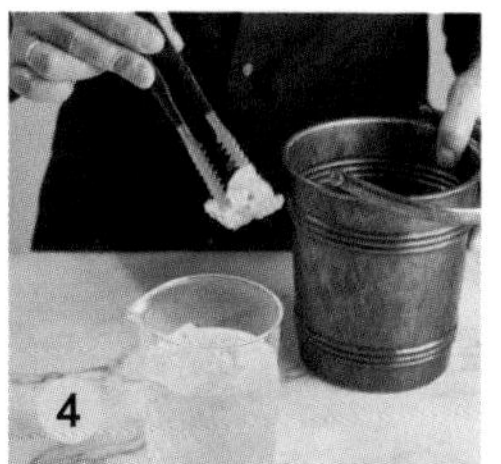

青春菜篮子

用豌豆苗、红黄小番茄、苹果、菠萝、柠檬等多种蔬果搭配制作成果昔，富含维生素与膳食纤维，具有增强免疫力与通利肠道的功效。

材料：

材料	用量
豌豆苗	30g
红小番茄	3 颗
黄小番茄	3 颗
苹果	80g
菠萝果肉	80g
柠檬汁	20ml
蜂蜜	40ml
冰块	100g

建议装饰物：

小番茄、豌豆苗

做法：

1. 将豌豆苗放入搅拌器中。
2. 加入苹果。
3. 加入小番茄。
4. 加入柠檬汁与蜂蜜。
5. 加入菠萝果肉。
6. 加入冰块。
7. 搅拌至质地柔滑，倒入杯中。
8. 放上装饰物。

苹果与梨

两款最常见的水果搭配在一起，也可以轻松变成美味可口的果昔。

材料：

苹果块 …… 100g
雪梨块 …… 100g
蜂蜜 …… 15ml
柠檬汁 …… 20ml
纯净水 …… 50ml
冰块 …… 100g

建议装饰物：

苹果片、雪梨片

做法：

1. 将苹果块放入搅拌器中。
2. 加入雪梨块。
3. 加入柠檬汁。
4. 加入蜂蜜。
5. 加入纯净水。
6. 加入冰块。
7. 搅拌至质地柔滑，倒入杯中。
8. 放上装饰物。

小提示：

不喜欢喝冷饮的也可以去掉冰块，常温也很好喝哟！

青枝绿叶

羽衣甘蓝搭配猕猴桃与青苹果做成饮品是一种很好的尝试，一杯即可获得一天所需的维生素 C、多种矿物质和膳食纤维。

材料：

绿色羽衣甘蓝……50g
绿色猕猴桃块……100g
青苹果块……100g
薄荷叶……5 片
蜂蜜……30ml
冰块……100g
纯净水……100ml

建议装饰物：

绿色羽衣甘蓝

做法：

1. 将绿色羽衣甘蓝放入搅拌器中。
2. 加入绿色猕猴桃块。
3. 加入青苹果块。
4. 加入薄荷叶。
5. 加入蜂蜜。
6. 加入纯净水。
7. 加入冰块。
8. 搅拌至质地柔滑，倒入杯中。
9. 放上装饰物。

紫色星球

紫甘蓝赋予饮品漂亮的亮紫红颜色，还富含维生素 C 与花青素，加入莓果、香蕉，酸酸甜甜的，加入红枣可增添口感，这样制成的饮品就像一个出彩的能量发电站。

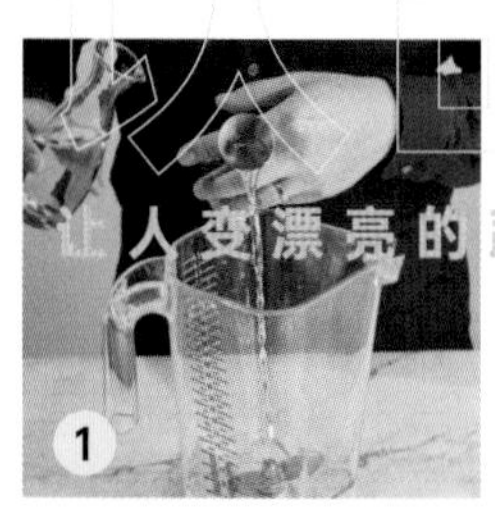

材料：

紫甘蓝………………………………………… 10g
蓝莓……………………………………………… 40g
覆盆子 ………………………………………… 40g
香蕉……………………………………………… 半根
红枣（去核）………………………………… 10g
枫糖 …………………………………………… 20ml
冰块 …………………………………………… 100g
纯净水………………………………………… 100ml

建议装饰物：

覆盆子、薄荷叶

做法：

1. 将纯净水倒入搅拌器中。
2. 加入紫甘蓝。
3. 加入蓝莓与覆盆子。
4. 加入香蕉。
5. 加入红枣。
6. 加入枫糖。
7. 加入冰块。
8. 搅拌至质地柔滑，倒入杯中。
9. 放上装饰物。

小提示：

如果不能接受紫甘蓝的味道，可以去掉此材料，制作出的思慕雪同样味道鲜美。

岛屿风情

菠萝、椰子与橙子，百分百原汁原味，尽显热带海岛风情。

材料：

菠萝果肉 …… 100g
椰子肉 …… 50g
椰子水 …… 100ml
橙子 …… 60g
冰块 …… 100g

建议装饰物：

菠萝叶、食用兰花

做法：

1. 将菠萝果肉放入搅拌器中。
2. 加入椰子肉。
3. 加入椰子水。
4. 加入橙子。
5. 加入冰块。
6. 搅拌至质地柔滑，倒入椰子壳（杯）中。
7. 放上装饰物。

甜菜根遇上水蜜桃

根茎类蔬菜中的"超级食物"甜菜根含有丰富的钾、磷、钠、铁、镁、糖分和多种维生素，是女性与素食者补血的最佳天然营养品。加入水蜜桃可以很好地中和甜菜根的泥土味道。诱人的艳红色非常吸引眼球。

材料：

甜菜根片	100g
水蜜桃片	100g
玫瑰水	100ml
蜂蜜	30g
冰块	100g

建议装饰物：

甜菜根片

做法：

1. 将甜菜根片放入热水中煮约1分钟，加入搅拌器中。
2. 加入水蜜桃片。
3. 加入玫瑰水。
4. 加入蜂蜜。
5. 加入冰块。
6. 搅拌至质地柔滑，倒入杯中。
7. 放上装饰物。

健怡饮品

有温度的蔬果汁

冬日里，冷风飕飕，在户外常常感觉手与脸冰冷无比，这个时候如果可以享受一杯热饮会感觉到暖暖的幸福。这时往往人们会选择热茶、咖啡或可可。如果既想摄取水分，温热身体与肠胃，又想摄入维生素与膳食纤维，可以考虑加入蔬果汁这个选项。这里介绍几款有温度的蔬果汁，制作方法简单，不伤肠胃，也能起到保健效果，为冬天增添几分活力。为保留蔬果的营养成分，配方中使用热开水，制作成的蔬果汁稍带温度。如追求更高温度，可以选用带加热功能的食物料理机制作，搅拌加热大约 2 分钟即可。

苹果胡萝卜汁

富含膳食纤维的苹果搭配胡萝卜，可以增加饱腹感。苹果中的果胶属于水溶性膳食纤维，能发挥通便清肠的作用。温暖的苹果胡萝卜汁让身体暖和，帮助调节肠胃。

材料：

胡萝卜片 ……………………………………100g
苹果块 ………………………………………100g
柠檬汁 ………………………………………15ml
蜂蜜 …………………………………………20ml
热开水 ………………………………………150ml

建议装饰物：

胡萝卜片

做法：

1. 将胡萝卜片加入搅拌器中。
2. 加入苹果块。
3. 加入柠檬汁。
4. 加入蜂蜜。
5. 加入热开水。
6. 搅拌均匀，倒入杯中。
7. 放上装饰物。

小提示：

取200g胡萝卜片与120g苹果片，放入榨汁机制作成苹果胡萝卜汁，是非常有益的保健蔬果汁。

姜汁蜂蜜雪梨

雪梨含水量高，可以滋阴，对喉咙不适或轻微咳嗽有缓解作用，还可以消除疲劳。但雪梨属于寒凉性食材，不宜多吃，搭配发酵生姜汁，丝丝暖意来袭。

材料：

发酵生姜汁 …… 20ml
雪梨块 …… 150g
蜂蜜 …… 20ml
热开水 …… 150ml

建议装饰物：

姜丝

做法：

1. 将雪梨块放入搅拌器中。
2. 加入发酵生姜汁。
3. 加入蜂蜜。
4. 加入热开水。
5. 搅拌至质地柔滑，倒入杯中。
6. 放上装饰物。

柚子山药

柚子味道清甜，酸度低，富含钙和维生素，可健胃清肠。山药与柚子搭配，有润肠通便和消除疲劳的效果。

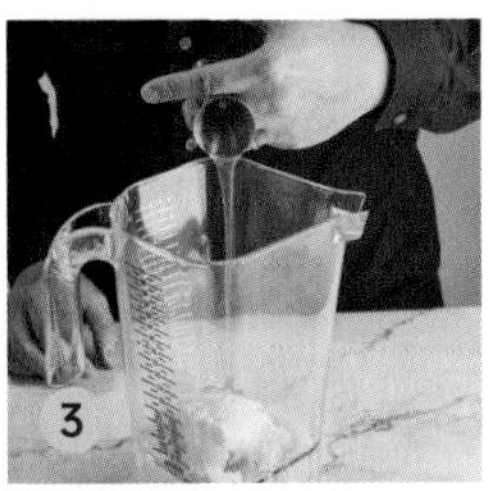

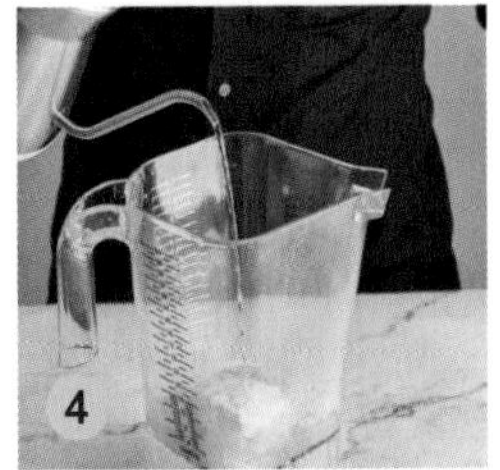

材料：

材料	用量
柚子果肉	100g
山药泥	50g
发酵生姜汁	10ml
蜂蜜	20ml
海盐	少许
热开水	100ml

建议装饰物：

柚子皮卷

做法：

1. 将山药泥与柚子果肉放入搅拌器中。
2. 加入发酵生姜汁。
3. 加入蜂蜜。
4. 加入热开水。
5. 加入海盐。
6. 搅拌均匀，倒入杯中。
7. 放上装饰物。

小提示：

适宜与山药搭配的还有番茄与蓝莓。把柚子果肉替换为等量番茄或蓝莓，与山药混合搅拌均匀，同样美味无穷。

无花果雪梨海底椰

无花果成熟后，味甜软糯，营养丰富而全面，含有人体必需的多种氨基酸、维生素、矿物质等，此外还含有丰富的柠檬酸、延胡索酸、琥珀酸、奎宁酸、脂肪酶、蛋白酶等对人体非常有益的成分，具有极佳的食疗功效。这是一款从中式汤料理转化的饮品。

材料：

新鲜无花果块……100g
雪梨块……100g
海底椰……50g
巴旦木仁碎……10g
热开水……100ml

建议装饰物：

无花果片

做法：

1. 将海底椰放入搅拌器。
2. 加入无花果块。
3. 加入雪梨块。
4. 加入巴旦木仁碎。
5. 加入热开水。
6. 搅拌至质地柔滑，倒入杯中。
7. 放上装饰物。

健怡饮品

健康享瘦来一杯

人们在繁忙都市生活中，许多时候会不知不觉摄入过多的脂肪与糖分。尤其在炎夏，无糖、增添膳食纤维与消脂成为人们美好的追求。

芦荟果醋轻逸饮

用椰子水发酵而成的椰子醋不仅有助于消脂，还能为整杯饮品带来美妙的酸味，堪称杯中的瘦身神器。

材料：

芦荟果粒……50g
苹果汁……100ml
椰子醋……15ml
苏打水……100ml
冰块……100g

建议装饰物：

苹果片

做法：

1. 将芦荟果粒放入杯中。
2. 倒入苹果汁。
3. 倒入椰子醋。
4. 加入冰块。
5. 倒入苏打水。
6. 放上装饰物。

山楂薏米露

山楂中含有脂肪酶，能促进脂肪的分解；还含有维生素 C 等成分，可以抗氧化。但山楂性寒，气虚体弱者不宜多吃，孕妇不宜食用。薏米有很高的营养价值和药用价值，富含优质蛋白质、碳水化合物、脂肪、矿物质和维生素。从中医角度讲，薏米利水，可以帮助排除体内多余水分。这款饮品不失为夏日清爽开胃之选。

材料：

山楂酱……………………………………40ml
热薏米露…………………………………300ml
冰糖糖浆…………………………………20ml

建议装饰物：

山楂

做法：

1. 把热薏米露倒入杯中。
2. 倒入山楂酱。
3. 加入冰糖糖浆。
4. 搅拌均匀。
5. 放上装饰物。

小提示：

1. 夏日可以偶尔尝试冰饮，把煮好的山楂酱和薏米露放凉后，倒入杯中，加入适量冰糖糖浆搅匀即可。

2. 可以尝试不加糖，同样美味。

健怡饮品

美肌饮

肠道健康会反应在脸上，如果人的肠道健康，气色会变好。有抗氧化功效的饮品也大受追求健康人士的欢迎。

青青美肌

青椒富含维生素 C 与胡萝卜素，是抗氧化力强的食材。它的膳食纤维丰富，有助于改善便秘。与青瓜、苹果巧妙搭配，出奇的好喝！

材料：

青椒块……15g
青瓜片……70g
青苹果片……100g
青柠汁……15ml
蜂蜜……30ml
纯净水……100ml
冰块……100g

建议装饰物：

青瓜片、薄荷叶

做法：

1. 将青椒块放入搅拌器中。
2. 加入青瓜片。
3. 加入青苹果片。
4. 加入青柠汁。
5. 加入蜂蜜。
6. 加入纯净水。
7. 加入冰块。
8. 搅拌至质地柔滑，倒入杯中。
9. 放上装饰物。

莓果美力

蓝莓虽然个头小，却满满都是天然抗氧化剂——花青素；草莓富含维生素；覆盆子具有促进皮肤再生功能。三大莓果制成的饮品，将让你焕发"美力"！

材料：

蓝莓……………………10 颗
草莓……………………5 颗
覆盆子…………………5 颗
柠檬片…………………3 片
橙片……………………1 片
薄荷叶…………………1 束
苏打水…………………200ml

做法：

1. 将草莓放入密封罐里。
2. 加入蓝莓与覆盆子。
3. 加入柠檬片。
4. 加入橙片。
5. 加入苏打水。
6. 加入薄荷叶，置于冰箱冷藏 30 分钟后即可饮用。

咖啡与可可

咖啡不一定只能搭配牛奶，也可以搭配其他“伴侣”，碰撞出绝妙的美味。咖啡可以是冰的、带气泡的，也可以是色彩斑斓的。

摩卡

在寒冷冬天的午后，来一杯热摩卡，是对自己的犒赏，也是对胃部的暖暖呵护。

材料：

黑巧克力酱……………………………… 30ml
牛奶………………………………………… 200ml
浓缩咖啡…………………………………… 30ml

建议装饰物：

牛奶奶泡、黑巧克力酱

做法：

1. 将黑巧克力酱挤入杯中。
2. 倒入热牛奶。
3. 倒入浓缩咖啡。
4. 加入牛奶奶泡。
5. 用黑巧克力酱画出花纹。
6. 用钢针对花纹再加工成美丽的图案。

咖啡汤力

汤力水带有甜味和天然的植物性苦味，随着气泡在口中破裂绽放，咖啡的芬芳香气也延展开来。这是一款富有生命力的咖啡饮品，适合夏日饮用。

材料：

浓缩咖啡 …… 45ml
汤力水 …… 200ml
冰块 …… 100g

建议装饰物：

迷迭香

做法：

1. 将冰块放入杯中。
2. 倒入汤力水。
3. 缓缓倒入浓缩咖啡。
4. 放上装饰物。

小提示：

汤力水提前放置冰箱中冰镇，效果更佳。

黑曜阿芙佳朵

咖啡与甜点的创意融合。咖啡优雅的果香与巧克力的浓醇相得益彰，呈现的意境十分美妙。视觉与味蕾的盛宴，抿一口，仿佛就此远离了都市喧哗。

材料：

Nespresso 意大利芮斯崔朵咖啡胶囊 ······ 1 颗
巧克力冰淇淋 ······································ 100g

建议装饰物：

巧克力碎片、冰淇淋脆皮筒

做法：

1. 将 Nespresso 意大利芮斯崔朵咖啡胶囊放入咖啡机中。
2. 按下开关按钮。
3. 萃取 40ml 浓缩咖啡。
4. 将巧克力冰淇淋放入马天尼杯中。
5. 放上冰淇淋脆皮筒，享用时缓缓倒入浓缩咖啡。

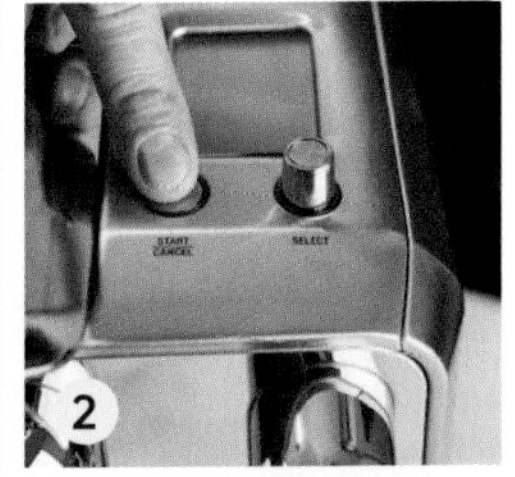

蝶豆花咖啡

蝶豆花有个美丽的名字——蓝蝴蝶，其中含有天然花青素，泡水呈蓝色，遇酸会变成紫色。美丽的色彩变化让蝶豆花爆红饮品界，备受关注。加入"花时间"制作的冷萃咖啡，清新的柠檬味汽水，漂亮迷人又美味和顺。

材料：

蝶豆花茶……………………15ml
柠檬味汽水…………………120ml
冷萃咖啡……………………100ml
蜂蜜…………………………10ml

建议装饰物：

可食用菊花

做法：

1. 把蝶豆花茶倒入杯中。
2. 加入冰块。
3. 倒入柠檬味汽水。
4. 加入冷萃咖啡。
5. 放上装饰物。

椰香冷萃

喝腻了牛奶或豆奶，尝试一下椰子水与冷萃咖啡的搭配，绝对不错，清爽微甜，让人唇齿留香，感觉轻松无负担。

材料：

椰子水……………………………………200ml
冷萃咖啡…………………………………100ml
冰块………………………………………150g

建议装饰物：

可食用兰花、菠萝叶子

做法：

1. 把冰块放入杯中。
2. 倒入椰子水。
3. 倒入冷萃咖啡。
4. 放上装饰物。

热可可

可可是能量的代名词。可可含有多种活性生物碱，可以刺激胃液分泌，促进消化；富含粗纤维，饮用后会有饱腹感。丝滑浓郁的热可可开启充满元气的一天，让你能量满满。

材料：

可可粉 ·· 30g
热牛奶 ·· 200ml
糖浆（可选）··································· 30ml

建议装饰物：

牛奶奶泡、焦糖饼干

做法：

1. 将可可粉放入杯中。
2. 加入热牛奶。
3. 搅拌均匀。
4. 加入糖浆，再轻轻搅拌几下。
5. 轻轻加入牛奶奶泡。
6. 放上焦糖饼干作装饰。

鲜果鲜茶

许多时候下午茶都会有水果与茶的身影，两者结合，一杯满足两个愿望，既可品尝水果的清甜，也能细品茶的清香。

爆柠柠檬茶

香水柠檬果形修长，大而无核，果皮清甜不苦涩，可以直接切片泡水，因其汁水香气浓郁，故有"香水柠檬"之美称。香水柠檬与乌龙茶碰撞，产生芬芳香气，让人欲罢不能。

材料：

香水柠檬 ························1个
糖浆 ························30ml
乌龙茶 ························200ml
冰块 ························100g

建议装饰物

香水柠檬片

做法：

1. 将香水柠檬对半切开，切成花格状，放入杯中。
2. 用捣棒充分捣压。
3. 将糖浆倒入杯中。
4. 加入冰块。
5. 加入乌龙茶。
6. 搅拌均匀。
7. 放入装饰物。

橙心橙意

橙子和茉莉绿茶的清香融为一体，给你带来清新一刻。

材料：

橙子 …… 1个
茉莉绿茶 …… 200ml
蜂蜜 …… 30ml
冰块 …… 200g

建议装饰物：

橙片、薄荷

做法：

1. 将橙子切块、去皮，然后放入搅拌器中。
2. 加入蜂蜜。
3. 加入茉莉绿茶。
4. 加入冰块。
5. 搅拌至质地柔滑，用细滤网过滤倒入杯中。
6. 放上装饰物。

喜凤梨四季春

带着淡淡花香的四季春茶碰上热带风情浓郁的菠萝，花果香气四溢，让人心旷神怡。

材料：

菠萝果肉……80g
柠檬汁……10ml
四季春茶……120ml
糖浆……30ml
冰块……100g

建议装饰物：

菠萝角、食用兰花

做法：

1. 将菠萝果肉放入杯中。
2. 以捣棒充分捣压。
3. 加入柠檬汁。
4. 加入糖浆。
5. 加入冰块。
6. 加入四季春茶。
7. 搅拌均匀。
8. 放上装饰物。

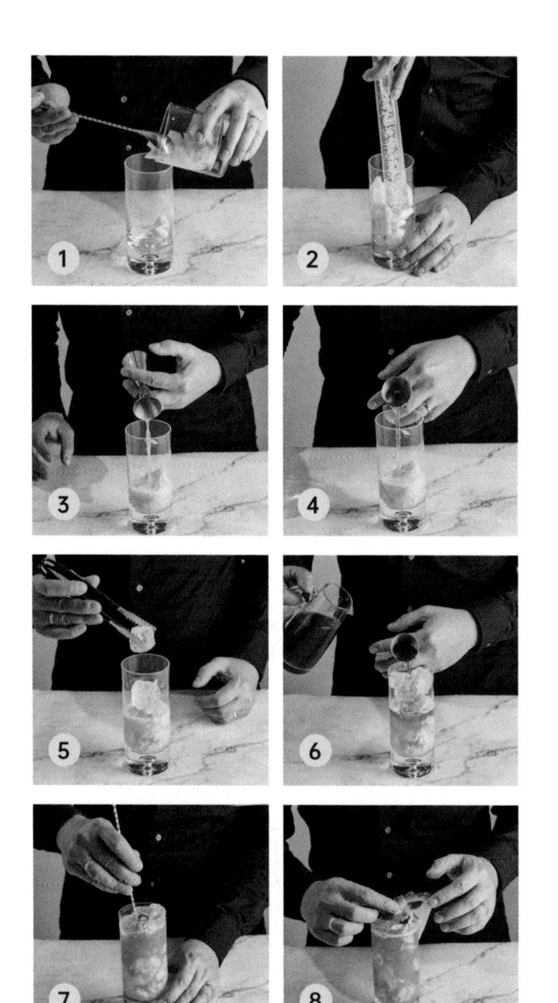

满杯水果茶

这款堪称水果界的全家福。花点心思，用竹签把水果串起，就成了水果串串茶。边撸水果串边喝茶，妙不可言。

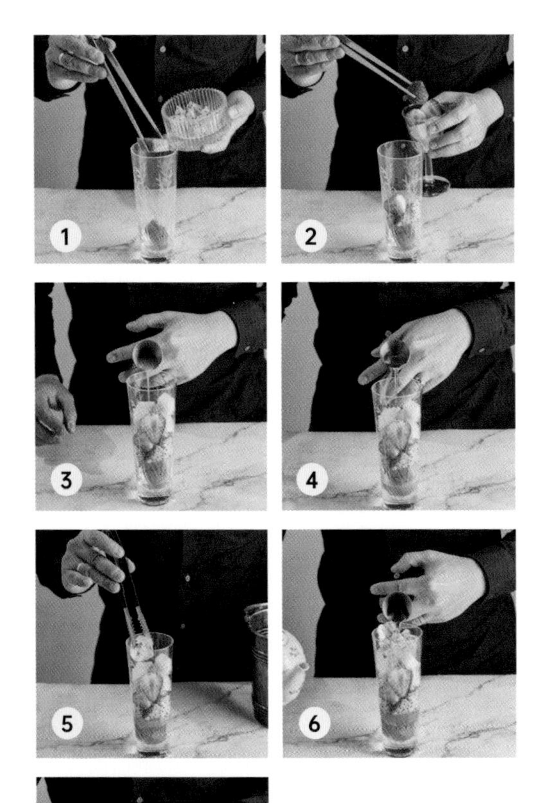

材料：

草莓块……………………………………………30g
西瓜块……………………………………………30g
火龙果块…………………………………………30g
雪梨块……………………………………………30g
红茶………………………………………………120ml
柠檬汁……………………………………………15ml
糖浆………………………………………………30ml
冰块………………………………………………100g

建议装饰物：

食用小黄菊

做法：

1. 将西瓜块放入杯中。
2. 加入草莓块、火龙果块与雪梨块。
3. 加入柠檬汁。
4. 加入糖浆。
5. 加入冰块。
6. 加入红茶，搅拌均匀。
7. 放上装饰物。

小提示：

冬天可以做成热水果茶。选取时令水果，洗净切片，与热茶一同加入耐热茶壶中，放置蜡烛台上加热，也可以享用温热的水果大满贯。

潮流街饮

当下最佳休闲方式无疑是逛最潮的街、喝最潮的街饮。街饮店布满街头巷尾，每个品牌都有着各自的招牌饮品，一波接一波的应季饮品陆续上市，用最亮眼的元素引起年轻人的共鸣。这些爆款饮品或融入怀旧的元素，或是运用美食甜点的概念，美感与美味相当，让人欲罢不能。这里跟大家分享几款爆款饮品，让你在家也能轻松制作。

芝士茉莉绿

清香微涩的茉莉绿茶和浓郁芝士是天生一对。

材料：

茉莉绿茶	120ml
青柠汁	10ml
糖浆	20ml
芝士奶盖	50ml
冰块	100g

做法：

1. 将糖浆倒入杯中。
2. 加入青柠汁。
3. 加入冰块。
4. 倒入茉莉绿茶。
5. 倒入芝士奶盖。

1

2

3

4

5

芝士葡萄

此为当下大热的一款饮品，紫葡萄偶遇伯爵红茶与芝士奶盖，打开味蕾新境界。

材料：

无籽紫葡萄……………………………80g
糖浆……………………………………30ml
柠檬汁…………………………………20ml
伯爵红茶………………………………260ml
冰块……………………………………200g
芝士奶盖………………………………50ml

做法：

1. 将紫葡萄放入搅拌器中。
2. 加入糖浆与柠檬汁。
3. 加入伯爵红茶。
4. 加入冰块。
5. 搅拌至质地柔滑，倒入杯中。
6. 倒入芝士奶盖。

芝士抹茶拿铁

杯中的那一抹嫩绿，最是诱人。抹茶最大限度地保留了绿茶原有的天然绿色和营养成分，含有丰富的微量元素，且是一种纯天然的蒸青超微粉末茶，营养成分易被人体吸收。它的主要成分表现为"三高两低"，即蛋白质、氨基酸（主要是茶氨酸）和叶绿素的含量高，茶多酚、咖啡因的含量低。

材料：

抹茶液…………………………………80ml
牛奶……………………………………200ml
糖浆……………………………………30ml
芝士奶盖………………………………100ml
冰块……………………………………120g

建议装饰物：

抹茶粉

做法：

1. 把牛奶与糖浆倒入杯中。
2. 加入冰块。
3. 搅拌均匀。
4. 倒入抹茶。
5. 倒入芝士奶盖。
6. 撒上抹茶粉。

小提示：

如果不喜爱芝士奶盖，可以去掉奶盖，同样美味。

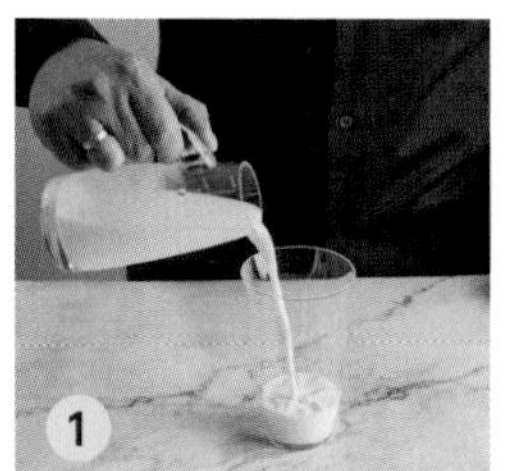

黑糖珍珠奶茶

这是一款自带流量的网红饮品，黑糖的焦香味搭配软糯又有嚼劲的珍珠，咀嚼的时候每口都带有黑糖的香甜，沁人心脾。

材料：

黑糖珍珠 ………………………………………… 50g
黑糖糖浆 ………………………………………… 30ml
红茶 ……………………………………………… 120ml
牛奶 ……………………………………………… 120ml
冰块 ……………………………………………… 100g

做法：

1. 把黑糖珍珠放入杯中。
2. 加入黑糖糖浆。
3. 加入冰块。
4. 倒入牛奶。
5. 倒入红茶。

柔柔果软冰

这是我最喜欢的一款牛油果冰饮。牛油果加香蕉，就如能量发电站一样，喝完具有饱腹感，不甜腻，让人精力充沛。

材料：

茉莉绿茶 …… 120ml
牛油果块 …… 100g
香蕉 …… 100g
糖浆 …… 20ml
寒天晶球 …… 50g
冰块 …… 150g

建议装饰物：

香草冰淇淋、薄荷叶

做法：

1. 将寒天晶球放入杯中待用。
2. 将牛油果块倒入搅拌器中。
3. 加入糖浆。
4. 加入茉莉绿茶。
5. 加入香蕉。
6. 加入冰块。
7. 搅拌至质地柔滑，倒入放好寒天晶球的杯中。
8. 放上装饰物。

盐渍樱花奶茶

盐渍樱花的咸味让普通奶茶的味道变得有趣起来。

材料：

盐渍樱花果冻 ………………………………… 30g
盐渍樱花 ……………………………………… 1朵
牛奶 ……………………………………………… 120ml
红茶 ……………………………………………… 100ml
冰块 ……………………………………………… 100g

建议装饰物：

食用鲜花

做法：

1. 把盐渍樱花果冻倒入杯中。
2. 加入盐渍樱花。
3. 加入冰块。
4. 倒入牛奶。
5. 倒入红茶。
6. 放上装饰物。

芋泥紫薯奶茶

浓浓紫色浪漫风潮来袭！喜爱杂粮的朋友会格外青睐这杯。

材料：

芋泥 ······························· 50g
紫薯泥 ····························· 50g
热牛奶 ····························· 120ml
乌龙茶 ····························· 120ml

做法：

1. 将芋泥放入杯中。
2. 加入紫薯泥。
3. 用捣棒轻轻捣压。
4. 加入热牛奶。
5. 加入乌龙茶。

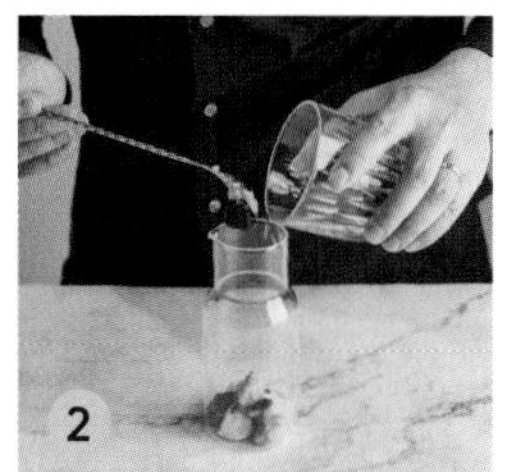

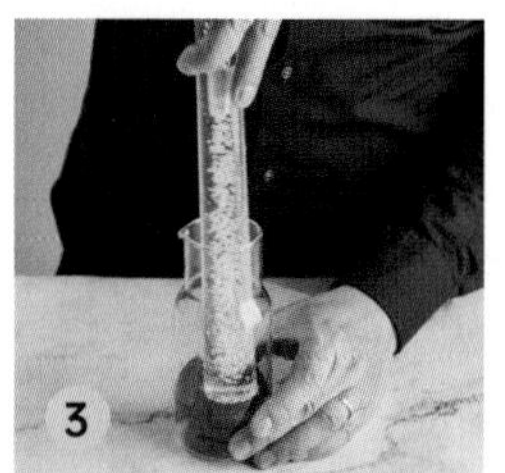

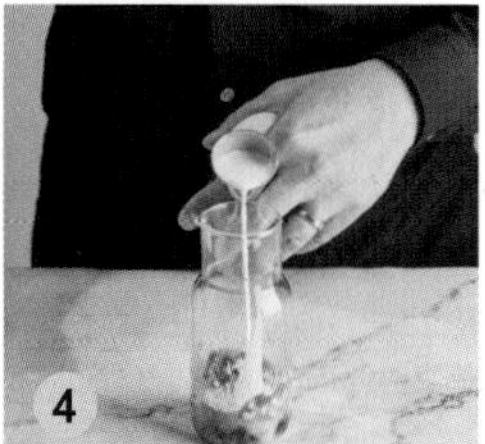

椰香大白兔奶茶

大白兔奶糖与椰子糖在许多人的心中都代表着童年的记忆，小时候如果家长给我们一颗大白兔奶糖或者椰子糖，那可是可以开心一整天的事情。长大后的我们，喝一杯椰香大白兔奶茶，那熟悉的味道让我们倍感幸福。

材料：

大白兔奶糖酱 ………… 60ml
红茶 ………… 200ml
牛奶 ………… 150ml
椰果 ………… 40g
珍珠 ………… 40g
椰浆 ………… 15ml
椰香奶盖 ………… 100ml
冰块 ………… 100g

做法：

1. 将大白兔奶糖酱倒入杯中。
2. 加入椰浆。
3. 加入牛奶并搅拌均匀。
4. 加入珍珠。
5. 加入椰果。
6. 加入冰块。
7. 加入红茶。
8. 加入椰香奶盖。

咸蛋黄流沙奶茶

咸蛋黄是许多人的心头好，红油流出，流沙软糯，咸香可口，与甜交织，丰富的口感在舌尖上一路蔓延。

材料：

咸蛋黄酱……15ml
红茶……100ml
牛奶……60ml
糖浆……20ml
珍珠……80g
咸蛋黄奶盖……100ml
冰块……100g

建议装饰物：

木糠蛋糕屑

做法：

1. 将咸蛋黄酱用勺子抹在杯壁上。
2. 把珍珠放入杯中。
3. 加入糖浆。
4. 加入冰块。
5. 加入牛奶。
6. 缓缓倒入红茶。
7. 倒入咸蛋黄奶盖。
8. 撒上木糠蛋糕屑作装饰。

1

2

3

4

5

6

7

8

哈密瓜球球养乐多

哈密瓜香气清新，味道甜美，用于制作饮品绝对可口又吸引眼球。

材料：

哈密瓜球 ………………………………… 50g
雪碧 ……………………………………… 150ml
低糖养乐多 ……………………………… 1 瓶
冰块 ……………………………………… 100g

建议装饰物：

罗勒叶、哈密瓜球

做法：

1. 把哈密瓜球放入杯中。
2. 倒入低糖养乐多。
3. 加入冰块。
4. 倒入雪碧。
5. 放上装饰物。

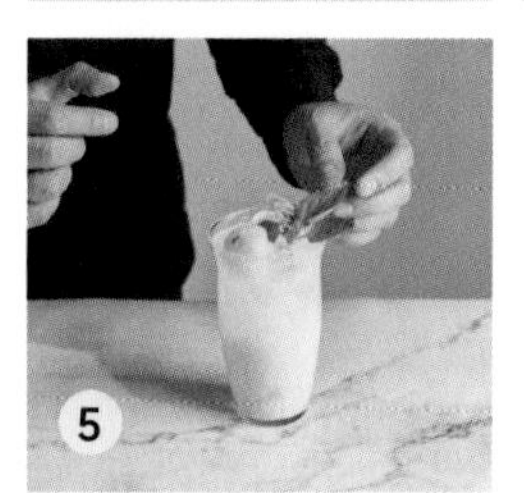

小提示：

1. 可以大胆尝试以不同水果替换哈密瓜。百香果的香气十分浓郁，独特的酸味与酸酸甜甜的养乐多很搭。应季的西瓜与草莓也是不错的选择。

2. 把雪碧替换为等量绿茶，加入适量蜂蜜调节甜度，就是水果养乐多与茶的结合，值得一试！

鲜牛乳

当水果遇上鲜牛乳，免去了茶中咖啡因的刺激，让你能够更专注地享受果味与牛奶结合的香醇浓郁。此类饮品冷热皆宜，把牛奶加热，去掉配方中的冰块，也可以享用暖暖的水果鲜牛乳，奶香、果香同样浓郁。

手捣芒果鲜牛乳

新鲜芒果融入牛奶中，喝起来超过瘾！

材料：

芒果片……80g
牛奶……120ml
糖浆……30ml
冰块……100g

建议装饰物：

芒果、食用鲜花

做法：

1. 将芒果片放入杯中。
2. 用捣棒轻轻捣压。
3. 加入糖浆。
4. 加入冰块。
5. 加入牛奶。
6. 放上装饰物。

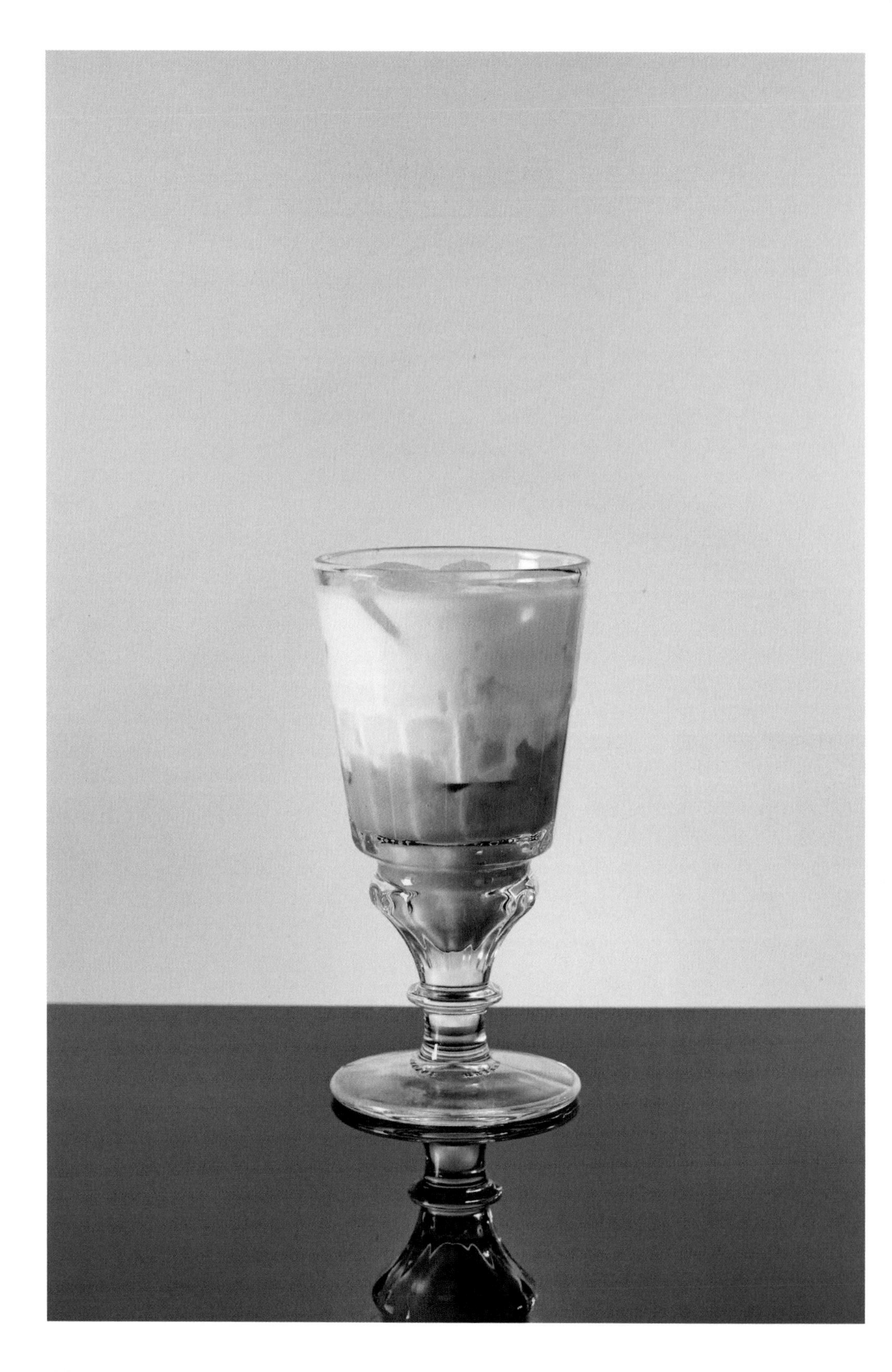

手捣芋泥鲜牛乳

芋泥富含膳食纤维，是非常棒的健康食品，让人活力十足。

材料：

芋泥 ……………………………………………80g
牛奶 ……………………………………………120ml
糖浆 ……………………………………………20ml
冰块 ……………………………………………100g

做法：

1. 将芋泥放入杯中。
2. 用捣棒轻轻捣压。
3. 加入糖浆。
4. 加入冰块。
5. 加入牛奶，饮用时搅拌均匀。

植物蛋白乳

植物蛋白饮料口感较轻盈，不含或含有较少的胆固醇，富含蛋白质和氨基酸，以及适量的不饱和脂肪酸。这类饮品越来越受欢迎。

黑武士

从儿时开始，我便很喜欢巧克力与黑芝麻的味道。结合两款黑色元素，制作出这款酷酷的夏日冰饮。

材料：

黑巧克力酱 ……………………………… 30ml
黑芝麻酱 ……………………………… 30ml
浓缩咖啡 ……………………………… 30ml
燕麦露 ……………………………… 120ml
冰块 ……………………………… 200g

建议装饰物：

威化饼、鹰嘴豆水奶盖

做法：

1. 将黑芝麻酱倒入搅拌器中。
2. 加入黑巧克力酱。
3. 加入浓缩咖啡。
4. 加入燕麦露。
5. 加入冰块。
6. 搅拌至质地柔滑，倒入杯中。
7. 加入鹰嘴豆水奶盖。
8. 放上威化饼作装饰。

黑芝麻双重豆乳

这款饮品健康营养，让人忆起"家"的味道。

材料：

材料	用量
黑芝麻酱	30ml
豆奶	260ml
糖浆	30ml
鹰嘴豆水奶盖	100ml
冰块	100g

做法：

1. 把黑芝麻酱倒入杯中。
2. 加入糖浆。
3. 搅拌均匀。
4. 加入冰块。
5. 倒入豆奶。
6. 倒入鹰嘴豆水奶盖。

燕麦波士拿铁

浓浓草本香加入燕麦露与蜂蜜，有如香醇顺滑的拿铁，提神且不含咖啡因，是悠闲下午的最佳陪伴。

材料：

路易波士茶……………………………………60ml
燕麦露 ………………………………………200ml
蜂蜜 …………………………………………30ml

建议装饰物：

鹰嘴豆水奶盖、食用菊花

做法：

1. 将蜂蜜倒入杯中。
2. 加入燕麦露。
3. 缓缓加入路易波士茶。
4. 放入鹰嘴豆水奶盖与食用菊花作装饰。

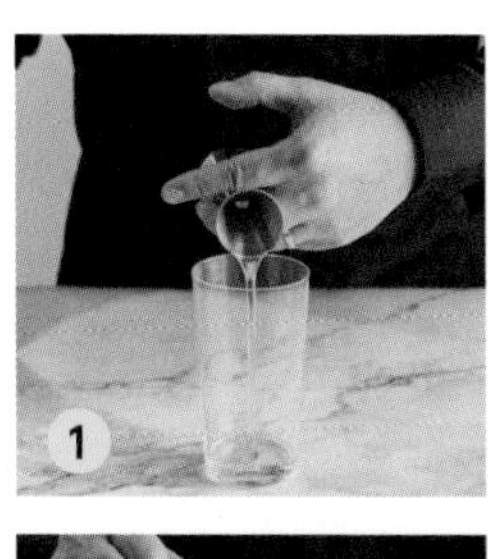

无酒精鸡尾酒

无酒精鸡尾酒，英文是 Virgin Cocktail，音译过来，就是动听具有美感的"维珍"，这是特指引用鸡尾酒的概念，把酒精部分去掉而成的无酒精饮品。这让我想起一个笑话：维珍长岛冰茶，那岂不就是可乐么？

维珍百香果莫西多

莫西多是一款非常受欢迎的鸡尾酒，这个无酒精版本去掉了朗姆酒，加入百香果，多种风味来袭，热带风情不减。莫西多像是夏日的永恒主题，陪伴我们度过一个又一个炎夏。

材料：

新鲜百香果……100g
青柠角……8个
薄荷叶……20片
糖浆……30ml
苏打水……90ml
碎冰……100g

建议装饰物：

薄荷叶

做法：

1. 将薄荷叶放入杯中。
2. 加入青柠角。
3. 加入糖浆。
4. 用捣棒轻轻捣压三四下。
5. 加入百香果。
6. 倒入苏打水。
7. 搅拌均匀。
8. 加入碎冰。
9. 用搅棒上下提拉的方式混合液体。
10. 放上装饰物。

小提示：

处理莫西多的关键是捣压的次数不能过多，过度捣压会导致薄荷叶被压坏，散发出不好闻的味道，且颜色发黑，影响美观，所以只需捣压三四下，把青柠汁压出即可。初次处理时也可以先捣压青柠角，确定汁水压出后再放入薄荷叶，轻压三四下即可。

维珍血腥玛丽

血腥玛丽这款鸡尾酒有"解酒"功效，广为流传的说法是宿醉后醒来饮用可以缓解不适症状，仔细推敲便知道这其实是酒鬼们早上喝酒的美丽借口。其实它的真正主角是番茄，番茄中的茄红素是一种很强的抗氧化剂，能清除体内因酒精分解产生的大量氧自由基，可以起到保护肝脏的作用。许多早午餐鸡尾酒单中都有这一款鸡尾酒。这个组合确实是周末早午餐的必备。它的口感丰富多层次，还含有大量维生素，加上膳食纤维丰富的芹菜，唤醒完美周末。

材料：

番茄汁……200ml
伍斯特郡酱……少许
辣椒仔辣椒酱……少许
海盐……少许
黑胡椒粉……少许
柠檬汁……15ml
糖浆……30ml
芹菜……1 根
冰块……50g

做法：

1. 将番茄汁倒入杯中。
2. 加入伍斯特郡酱。
3. 加入辣椒仔辣椒酱。
4. 加入柠檬汁。
5. 稍微搅拌一下。
6. 加入糖浆。
7. 撒入海盐。
8. 加入冰块。
9. 放入芹菜、撒上黑胡椒粉。

小提示：

边喝边吃芹菜，是不错的选择！

03.

不同场景
特殊调

PLAY IT BY EAR

给可爱的小朋友

闺蜜下午茶

家庭聚会饮品

节日饮品

给可爱的小朋友

虽然很多小朋友从小喝牛奶，但是有些小朋友到四五岁的时候会"厌奶"，其实只需要稍微花点心思，就可以做出备受小朋友欢迎的饮品。我曾经在大儿子就读的学校举办过饮品讲座，这里与大家分享当时受欢迎的冠、亚、季军作品。

草莓香蕉牛奶

果味十足的牛奶饮品一定能讨得小朋友的欢心。

材料：

草莓 ··············· 30g
香蕉 ··············· 30g
牛奶 ··············· 120ml

建议装饰物：

彩糖、棉花糖

做法：

1. 将草莓倒入搅拌器中。
2. 加入香蕉。
3. 加入牛奶。
4. 搅拌均匀，倒入杯中。
5. 放上装饰物。

杂果优格杯

就像小朋友都有最合拍的玩伴，酸奶搭配杂果之后，味道不再单调。

材料：

雪梨粒……20g
苹果粒……20g
蓝莓……10g
覆盆子……10g
葡萄干……10g
酸奶……240ml

做法：

1. 将雪梨粒与苹果粒放入杯中。
2. 加入酸奶。
3. 加入蓝莓、覆盆子、葡萄干。

小提示：

选用小朋友喜爱的水果，去皮切粒，与酸奶混合，可以做成各式水果优格杯。

牛奶巧克力脆谷物

脆谷物是许多小朋友的最爱，令巧克力牛奶的口感更加有趣。让小朋友自己动手 DIY，可以增添乐趣。

材料：

脆谷物 ………………………………………… 30g
黑巧克力酱…………………………………… 20ml
牛奶 ………………………………………… 220ml

做法：

1. 把牛奶倒入大玻璃杯中。
2. 加入黑巧克力酱。
3. 搅拌均匀。
4. 倒入牛奶盒形罐子（杯子）里。
5. 罐子（杯子）边上放一碗脆谷物，小朋友可以自行添加或单独食用。

闺蜜下午茶

三两闺蜜在周末相聚时，可以一起动手制作简单美味的饮品。

玫瑰桃胶（2 人份）

桃胶与馥郁的玫瑰干花很搭，清香宜人。

材料：

桃胶 ………………………………………… 60g
玫瑰干花 …………………………………… 10g
热开水 ……………………………………… 500ml
冰糖糖浆 …………………………………… 40ml

建议装饰物：

糖渍莲子

做法：

1. 将桃胶放入壶中。
2. 加入玫瑰干花。
3. 加入冰糖糖浆。
4. 倒入热开水。
5. 搅拌均匀后倒入分享杯中饮用，加入装饰物。

小提示：

桃胶需要用冷水泡发约 1 天，再用纯净水冲干净，炖约半小时即可。如果喜欢更软滑的口感，可以把时间延长至 1 小时。也可以使用简易装，直接使用热开水冲泡即可。

杨枝甘露 (2人份)

杨枝甘露是街知巷闻的港式甜品，由柚子、芒果与西米组成的经典搭配。

材料：

柚子果肉 ········· 100g
芒果片 ········· 200g
椰浆 ········· 245ml
西米 ········· 50g
淡奶油 ········· 30ml
糖浆 ········· 20ml
冰块 ········· 200g

建议装饰物：

薄荷叶

做法：

1. 将芒果片倒入搅拌器。
2. 加入椰浆与淡奶油。
3. 加入冰块。
4. 搅拌至质地柔滑，倒入杯中。
5. 加入柚子果肉。
6. 加入芒果粒。
7. 加入西米。
8. 放上装饰物。

家庭聚会饮品

老少咸宜的欢乐饮品，让一家人其乐融融。

三色宾治

这是一款很可爱的饮品，巧用挖球器制作出红黄绿三色小圆球，大人小朋友都十分喜欢。

材料：

西瓜球 …… 90g
黄哈密瓜球 …… 90g
绿哈密瓜球 …… 90g
雪碧 …… 330ml
冰块 …… 150g

建议装饰物：

迷迭香

做法：

1. 将绿哈密瓜球放入杯中。
2. 加入一层冰块。
3. 加入黄哈密瓜球，加入一层冰块。
4. 加入西瓜球。
5. 倒入雪碧。
6. 放上装饰物。

姜汁汽水

想喝带气泡的饮料，但是又厌倦了普通可乐、雪碧或橙汁汽水的味道，怎么办？这里给大家介绍一款"成人"汽水，一款带丝丝辣味又富有香草香甜的汽水。

材料：

发酵生姜汁……………………………………30ml
苏打水……………………………………………260ml
冰块………………………………………………100g

建议装饰物：

姜片

做法：

1. 将发酵生姜汁倒入杯中。
2. 加入冰块。
3. 加入苏打水。
4. 搅拌均匀，放上装饰物。

节日饮品

节假日里，亲朋好友共聚一堂，是庆贺的时候，也是值得休闲娱乐的一刻。用手中的饮品，为节假日添点味道和气氛吧！

春节

花开富贵

南方的春节满城鲜花，给人欣欣向荣的感觉，金黄色的金橘，寓意吉祥富贵。在春节，最幸福的事情莫过于家人团聚，其乐融融。

材料：

金橘……30g
桃花糖浆……30ml
苏打水……260ml
冰块……100g

建议装饰物：

食用鲜花、薄荷叶

做法：

1. 金橘洗净，切片去核待用；把桃花糖浆倒入杯中。
2. 加入冰块。
3. 倒入苏打水。
4. 搅拌均匀。
5. 放入金橘片。
6. 放上装饰物。

情人节
粉色恋人

情人节，让人联想到的是爱神丘比特、玫瑰花与巧克力。何不制作一杯粉色浪漫的饮品，给你的挚爱品尝？别具可可香的咖啡与白巧克力酱融为一体，以丝滑牛奶为载体，玫瑰糖浆作点缀，创造出香醇甜美的咖啡特饮。

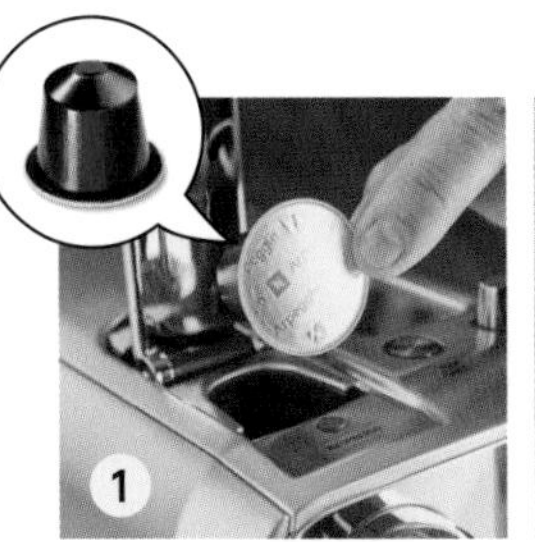

材料：

Nespresso 佛罗伦萨阿佩奇欧咖啡胶囊……1颗
牛奶……180ml
白巧克力酱……15ml
玫瑰糖浆……15ml

建议装饰物：

棉花糖

做法：

1. 将 Nespresso 佛罗伦萨阿佩奇欧咖啡胶囊放入咖啡机中。
2. 按下开关按钮萃取 40ml 浓缩咖啡。
3. 蒸汽加热牛奶。
4. 将白巧克力酱与玫瑰糖浆混合，搅拌均匀，倒入杯中。
5. 倒入热牛奶。
6. 缓缓倒入浓缩咖啡。
7. 放上装饰物。

中秋节

哈密瓜香蕉冻

当季的哈密瓜味美多汁，有消除疲劳与美肌养颜的功效。加入少量香蕉，可以提升饮品质地，入口更顺滑。无论是传统月饼还是新式月饼，都非常适合与这杯饮品搭配食用。

材料：

哈密瓜果肉……………………………………… 80g
香蕉………………………………………………… 30g
牛奶………………………………………………… 80ml
糖浆………………………………………………… 20ml
柠檬汁……………………………………………… 10ml
冰块………………………………………………… 150g

建议装饰物：

哈密瓜球、西瓜球、薄荷叶

做法：

1. 将哈密瓜果肉倒入搅拌器中。
2. 加入香蕉。
3. 加入牛奶。
4. 加入糖浆。
5. 加入柠檬汁。
6. 加入冰块。
7. 搅拌至质地柔滑，倒入杯中。
8. 放上装饰物。

万圣节

南瓜拿铁

南瓜与肉桂的味道，不仅代表冬日来临，也弥漫着搞怪"捣蛋"的顽皮气息。

材料：

南瓜泥……30ml
浓缩咖啡……60ml
牛奶……200ml
肉桂糖浆……20ml
冰块……50g

建议装饰物：

焦糖棒

做法：

1. 将南瓜泥倒入杯中。
2. 加入肉桂糖浆。
3. 加入冰块。
4. 加入牛奶。
5. 缓缓倒入浓缩咖啡。
6. 放上装饰物。

小提示：

去掉冰块，加入热牛奶，即可制作成暖暖香辛的南瓜拿铁。

圣诞节

甜菜根香橙肉桂

甜菜根富含镁和铁等矿物质，还含有维生素C和叶酸，具有补血作用。清香的橙子和甜菜根是绝配，加上辛香的肉桂，这杯节日饮品不但可以抵御寒冷，而且色彩靓丽，充满节日气息。

材料：

甜菜根片……100g
橙子肉……100g
蜂蜜……20ml
肉桂棒……2g
热开水……150ml

建议装饰物：

橙皮卷、肉桂棒

做法：

1. 将甜菜根片放入热水中煮约1分钟，加入搅拌器中。
2. 加入橙子肉。
3. 加入蜂蜜。
4. 加入肉桂棒。
5. 加入热水。
6. 搅拌均匀，倒入杯中。
7. 放上装饰物。

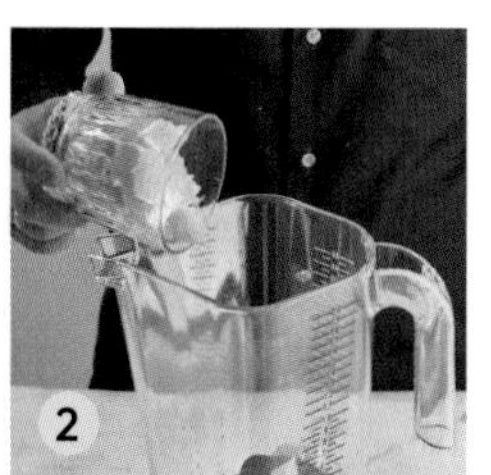

索引

B

C

D

M

N

Z

图书在版编目（CIP）数据

吸饮力：调一杯人气特饮 / 欧阳智安著. -- 南京：江苏凤凰科学技术出版社, 2020.6

ISBN 978-7-5713-1074-5

Ⅰ. ①吸… Ⅱ. ①欧… Ⅲ. ①饮料 – 制作 Ⅳ. ①TS27

中国版本图书馆CIP数据核字(2020)第051370号

吸饮力 调一杯人气特饮

著　　者　欧阳智安
摄　　影　刘　超
策　　划　陈　艺　曾凤仪　刘　超
责任编辑　陈　艺
责任校对　杜秋宁
责任监制　方　晨

出版发行　江苏凤凰科学技术出版社
出版社地址　南京市湖南路1号A楼，邮编：210009
出版社网址　http://www.pspress.cn
印　　刷　广州市新齐彩印刷有限公司

开　　本　718 mm×1000 mm　1/16
印　　张　14.75
字　　数　200 000
版　　次　2020年6月第1版
印　　次　2020年6月第1次印刷

标准书号　ISBN 978-7-5713-1074-5
定　　价　88.00元